我们一起解决问题

财富哪里来

林蔷七 —— 著

人民邮电出版社
北　京

图书在版编目（CIP）数据

财富哪里来 / 林蔷七著. -- 北京：人民邮电出版社，2023.6（2023.7重印）
ISBN 978-7-115-61803-0

Ⅰ．①财… Ⅱ．①林… Ⅲ．①财务管理 Ⅳ.①TS976.15

中国国家版本馆CIP数据核字（2023）第085307号

内 容 提 要

近年来，职场人、个体商户和小企业主都面临着巨大的生存及发展压力，任何人都想拥有富足而自由的人生。因此，如何获取财富、实现财富增长成了大部分人需要解决的问题。

本书作者从小镇姑娘到互联网公司总监，从月工资2000多元到年收入百万元，从职场人到创业者，最终实现了财务自由。她对自己的个人成长经历及财富增长历程进行深度的挖掘和总结，提炼出了普通人获取财富的5项关键技能，包括在职场上做好主业、开展副业变现、坚持投资、养成套利思维及打造个人影响力。本书对每一项技能都做了深入、生动的介绍，并分享了6项实现收入翻倍的核心法则。总之，本书内容来源于作者十几年的实践，价值在于鼓励读者突破认知、发现获取财富的机会并勇于行动，可以给追求富足人生却不得其法的读者带来巨大的启发。

本书适合希望拥有宽裕的时间和金钱、兼顾实现自我价值和陪伴孩子的职场女性，想提升赚钱能力的全职妈妈，以及想在主业之外获取多渠道收入、破解收入焦虑、实现富足人生的读者阅读。

◆　　著　　林蔷七
　　责任编辑　张国才
　　责任印制　彭志环
◆人民邮电出版社出版发行　　北京市丰台区成寿寺路11号
　邮编 100164　电子邮件 315@ptpress.com.cn
　网址 https://www.ptpress.com.cn
　北京市艺辉印刷有限公司印刷
◆ 开本：880×1230　1/32
　印张：8.5　　　　　　　　　2023年6月第1版
　字数：200千字　　　　　　 2023年7月北京第2次印刷

定　价：59.80 元

读者服务热线：（010）81055656　印装质量热线：（010）81055316
反盗版热线：（010）81055315
广告经营许可证：京东市监广登字20170147号

推荐序一

　　财富哪里来？从《国富论》《经济学原理》到《经济学讲义》《贫穷的本质》，畅销书排行榜上永远不缺探讨这个问题的著作。有了这些珠玉在前，蔷七为什么还要再写一本书来探讨这个问题呢？我想，大概是因为她有独特的财富视角。

　　我是做 IP 孵化的，接触过各种耳熟能详的大 V 风格，也服务了不少财经类的 IP 老师。我看到的财经类老师无外乎两种风格：要么是学院派，从基本的经济理论讲到市场百年变迁历史，严谨得仿佛无形的教尺；要么是技术派，投资经验至上，犹如天才的剑，不讲太多章法，却也凛凛生风。而蔷七神奇地游走在这两种风格之间。

　　我第一次见她时，她说话简洁，并没有逼人的气场，完全不像带着数千女性成功走上财富之路的样子。但她又切实做到了，就像花园里的园丁，无论你何时来，她都在辛勤劳作。那么，这片花园是如何被她呵护得枝繁叶茂的呢？这就要说回到她独特的财富视角了。

我们常看的讲财富的书，无论是学院派还是技术派，探讨的最终命题都是如何增长财富。毫无疑问，蔷七也具备很强的财经专业知识。但她没有炫技，而是提出了一个新视角：普通人追求财富是为了什么？

对我们普通人来说，无尽的财富真的是一生所求吗？根本不是，大部分人在追求财富的路上都无法从一而终。普通人的一生所求是什么？蔷七给出的答案是"自由人生"。

我见过年利润过千万元、事业有成的老板，也见过月入3000元、被家长里短裹挟的家庭主妇们。他们的眼神有巨大的差异，有的坚毅，有的迷茫，有的闪闪发光，有的满是愁绪。但是，从他们的眼神中，你都能看到对自由人生的渴望。

这就是蔷七的独特之处，她定义的终点不是财务自由，而是自由人生。

人生的自由比财务的自由更重要。也是基于此，蔷七才提出了她最具影响力的自由人生公式。

自由人生 = 主业 + 副业 + 投资 + 套利 + 个人影响力

从这个公式"呱呱落地"的那一刻起，"林蔷七"这个名字就注定不是盲目的财富跟风者，而是这个世界上大部分普通人的代言人。

"不求黄金万两，但求自由人生"，正是这个信念让蔷七和她诸多的读者们紧紧联系在一起。看看蔷七的朋友圈吧，你会看到她洒脱的生活。这份洒脱以财富为基石，却不带有金钱的土味。

蔷七把自由人生想象成一棵树的主干，主业、副业、投资、套利和个人影响力就是从主干分出去的5根主枝。

主业

把主业作为自由人生的第一要素，是对普通人最好的忠告。我常看到一些容易冲动的普通人，热血上头，想要辞掉工作，全身心扑到副业、创业、理财中去，但这样做的人中99%都拿不到好的结果。无论如何，主业都一定是一段时间内普通人最大的收入来源。我们要学会的是尽可能从主业中获得更多的价值，这也正是蔷七在本书中要讲的。

副业

"做副业，成为斜杠青年，打造人生第二曲线"，这样的观点近几年越来越被大众认可。但细节的问题随之而来：做什么副业？怎么选择？目标是什么？人们经常难以想清楚这些问题，最终导致在副业这件事上虎头蛇尾。蔷七把副业作为积攒第一桶金、开始投资的工具，设定了清晰的目标。

投资

投资部分能讲的实在太多了，而蔷七选择的是最适合普通人的内容，包括投资方式、投资理念的科普、探讨如何低风险投资等。我可能更愿意这样描述：蔷七为普通人指明了一条低风险投资之路，虽然低风险，但依然有高收益和确定性。她讲的内容不高深，但实操性强，且适合大部分人。

这是她独特视角的一种体现，为普通人提供了极大的实用性，而非一味追求理论的全面性。

套利

在众多投资理念中，套利可能是最适合普通人的入门理财方式。极低的风险确保了本金的安全，长期坚持能带来确定性的收益，而极低的门槛又能让大部分人通过实操获得金钱上的正反馈。这方面的内容，市面上鲜少有著作会讲。财经大 V 们不喜欢在套利这么小的"苍蝇肉"上浪费笔墨。但实践的真相告诉我们，学习套利在普通人中有巨大的需求，蒮七已经带领数千学员成功通过套利赚到工资以外的收入了。

个人影响力

很少有讲财富的著作会讲到个人影响力。但如果我们把自由人生当成追求财富的目标，那么个人影响力就是绕不过去的重要环节。在追求自由人生的过程中，如果我们能把过程以有趣的形式分享出来，就能获得更多的关注和正反馈，从而给自己的成长增加复利和杠杆。显然，蒮七就是这么做的，并且从中受益。

我在看这本书时，看的是内容，想到的却是背后千千万万的读者朋友们。他们可能只是平凡的普通人，看不懂高深的理论，做不到精湛的投资交易操作。但是，通过这本书，他们能打开财富之路的大门。通过这道门透进来的一点光，我们就能看到：自由人生之路并非虚构，共同踏上这条路的我们也并不孤独。

花爷

公众号"花爷梦呓换酒钱"主理人

推荐序二

在阿七离职那年，我们相识。我们的路径很相似，都是从互联网公司出走，成为超级个体。只不过我先走出一步，给了她勇气和参照，她加入了我的运营顾问班。

我原本想赋能她成为一名独立运营顾问，但跟她接触后，我发现她是那种做什么事都很容易成功的人，她具备很多优秀的素养。

那么，一个灵魂拷问就摆在面前了：假如你做什么都会成功，你会做什么呢？

我会做我当前在做的事，我相信阿七也是。特别是这本书出来后，我看到了她完整的来路与去处，我觉得她特别适合做这件事。不是因为做理财教育赚钱，而是她恰好具备运营和理财的技能，找到了自己独一无二的夹角，做自己热爱且擅长的事情，同时赋能更多人。

更让我惊喜的是她从运营顾问班毕业这几年，不断迭代升级自己的方法论及个人 IP 定位，直到今天沉淀成这本书。我认为，她已经是一位全能的个人成长导师了。

她总结出的自由人生公式：

自由人生 = 主业 + 副业 + 投资 + 套利 + 个人影响力

让人不得不佩服她的头脑"带宽"之宽，涉猎的范围之广。很多人终其一生一项都搞不清楚，而她利用自己的底层能力把每一项都玩得风生水起。5 项一结合，离自由人生更近一步。

她在书中以中立、先进的视角破除了一些对"财务自由"的陈旧观点，更能服务于当代个体。的确，我们不太可能靠投资、套利就实现财务自由，全身心投入某一方面都有风险，自由人生会少了一些体验和趣味。

特别是她与时俱进地加入了"个人影响力"一项，这也是我在《自流量创业》一书里特别倡导的。老一辈人喜欢"闷声发大财"，但那些愿意如实分享自己如何增值、愿意发声提高影响力的人有更好的声誉，让钱更好地产生价值，回馈社会，无形中也给自己形成了"护城河"。

此外，读者也可以从书中的很多真实案例里探究阿七为何成长那么快，更新迭代那么快。她对这些都有如实告知。例如，她葆有好奇心，善于拆解市面上令人感兴趣的模式，拿到自己身上试验，获得最直接的体感，行动力非常强；她以终为始，拆解步骤，步步为营，自驱力、目标感非常强……同时，高速成长对心力要求非常高，她也非常善于整合支持系统，让自己随时获得能量补给，摆脱精神内耗。

读完这本书，可以获得满满的正能量。感谢阿七的分享，

相信读者也能从中受益。自由人生，一路前行。人生海海，早
日上岸。

小马鱼

独立运营顾问

《我在阿里做运营》《自流量创业》作者

运营圈子社群发起人

自序

2010 年 10 月，我因超前消费、没钱交房租而提前结束了"北漂"生活。当时，我躲在被子里哭过，不甘心就此负债，拮据地过一生。

2011 年 2 月，我从书中找到了导致自己经济状况糟糕、对人生失去掌控权的原因，从此开启了"主业 + 副业"两条腿走路的生活。

2014 年 5 月，我攒够了第一个 10 万元，开始学习投资。

2015 年 6 月，我以零基础跨行去互联网公司做运营，进入职场生涯的快速上升期，从员工到成为运营总监只用了一年半时间。

2018 年 8 月，因自己有投资交流和更深入学习的需求，我开始第一次与别人合伙创业，满足和我有相同需求的人。10 月，我跳槽去新公司，承担年营收达 6 亿元的业务，管理近 30 人的团队，薪资翻了 3 倍。

2019 年底，我的年收入超过了百万元。

2020 年 3 月，我离开职场，因为我向往更自由的生活，希望有更多时间陪伴家人，做自己想做的事。6 月，我注册了自己的微信公众号"林蔷七"，我写的第三篇文章"我用 2 年时间，收入翻了 10 倍"被 4 万人阅读。8 月，我卖掉了创业公司的股份。12 月，我第一次靠投资实现年收入超过百万元，并且带领 90 多人体会到了"日入过万"的感觉。这给了我很大的底气，才有了我第二次小而美的创业。

此后，我一路飞速成长。截至 2023 年 3 月，我为 4 家企业和拥有几十万粉丝的博主提供了运营顾问陪跑服务，帮助他们找到业务破局点，实现营收增长；有 2000 多人因我分享的内容而发生改变，实现了收入增长，最多的一年收入翻了 5 倍，年收入超过百万元。

我总结了一个自由人生公式：自由人生 = 主业 + 副业 + 投资 + 套利 + 个人影响力。因为在这 5 个方面同时发力，我实现了资产过千万元。我还把这个公式推广给了几万人。

这就是我 13 年的成长故事。在很多场合，我分享了自己的故事，激励听众寻找人生的更多可能性，拓宽收入渠道，拥有更多的人生选择权。

我刚从公司辞职时，在"在行"平台为互联网人提供职场方向选择、职场晋升、业务增长破局等方面的一对一咨询服务。那一年，我做了 100 多次咨询，很多客户都是阿里巴巴、京东、腾讯、网易等互联网大公司的员工。

在给他们提供咨询服务的过程中，我发现大部分人在选择下一份工作时都没有足够的耐心等待那个既合适又符合自己内心愿望的工作，而是草草地选择一个收入相对满意的公司就去上班了。我很好奇为何会如此。如果说大部分人是因为收入少、生活压力大而做出这样的选择，但年收入达百万元的总监级别的人不该也是如此。

后来，我发现导致他们一刻也不敢停的原因是房贷、车贷、养孩子、老婆没工作、没有其他收入来源等现实问题。虽然他们的收入高，但在一线城市买房安居带来的高房贷、高昂的孩子养育成本、时刻担心失业的心理状态使他们无暇考虑自身发展和内心希望。"35 岁危机"的焦虑在我们这代人身上尤其明显，无论是高收入群体还是低收入群体，都面临着"只要不工作，生活就要崩溃"的窘境。

我也曾遇到过这样的困境，但我摸索出了方法，搭建了 20 多条收入渠道，以此支撑我在任何时候都能随心选择，做自己想做的事，拒绝自己不想理会的人和事。我把这些方法完善成了一套实现自由人生的系统，并且希望这套系统赋能更多人，让大家都能抵御人生中的各种风险，实现心中所愿，活得既富足又自由。这是本书得以诞生的最根本的原因。

13 年前，我从书中找到了导致自己财务崩溃的原因，获得了警醒和启发，但真正探索财富增长的道路还是要靠自己摸索。今天，我将自己如何在 13 年间收入涨了上百倍的方法如实地呈现给大家。如果打开本书的你可以从中找到一些实现自己理想生活的方法，有了启发并付诸行动，那便是我最希望看到的事了。

从我第一次有写书的想法到现在，经历了 2 年多的时间。

我希望自己的分享能让大家看到一丝曙光，至少帮助 10 万人改变认知，拥有更多的人生选择权，这是我毕生所求。我希望读到本书的你，成为这十万分之一。

借本书的出版，特别感谢我的爱人和父母；感谢我的团队伙伴和学员们；感谢鼓励我说出自己的故事、影响更多人的小马鱼老师；感谢在我有了写书想法后推动我行动的 Angie 老师；感谢我的好朋友花爷，在个人成长上给我启发；感谢所有的读者，是你们给了我源源不断的分享动力。

最后，请允许我再说几句：

本书分享的是实操性很强的财富增长方法，请务必读完它，并挑选一些适合自己的方法去实践；

如果你通过实践本书讲述的方法获得了一些启发和成绩，请记得来微信公众号"林蔷七"告诉我，这将激励我分享更多好内容；

如果你觉得读完本书特别受启发，欢迎推荐给身边最好的朋友，带他们一起实现自由人生。

林蔷七

2023 年 4 月 20 日

目录

第 7 章

5 年收入翻 10 倍的核心法则　// 221

尾声　// 253

第 1 章

自由人生公式:

普通人实现财富自由的 5 个心法

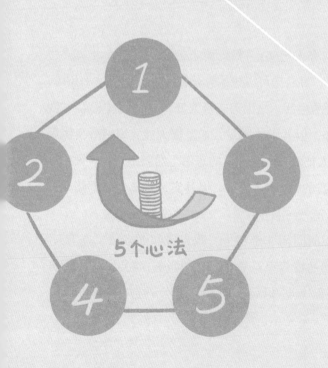

刷新认知：真正的自由和你想的不一样

走到人生的某个阶段时，我决心要成为一个富有之人。这并不是因为爱钱的缘故，而是为了追求那种独立自主的感觉。我喜欢能够自由地说出自己的想法，而不是受到他人意志的左右。

——查理·芒格

我经常听到有人抱怨："我想周末带上妻子和女儿去周边游，但我太忙了，好希望可以想休息就休息""我现在这么焦虑，不能过自己想要的生活，是因为工资太低、生活成本太高""我不喜欢我的工作，但又无法脱身，如果哪天能实现财务自由就好了"。大部分人把不能按照自己的意愿生活归结为"我没有实现财务自由""我的钱还不够多"。但其实，大部分人都陷入了一个思维误区：有钱＝自由。

自由体现在时间而非金钱上。我也曾和大多数"打工人"一样生活在糟糕的模式里：早上被闹钟叫醒，8点半到公司开始做一天的计划，9点开始参加一个接一个的会议，如果哪天没有会议，那天一定是不正常的。

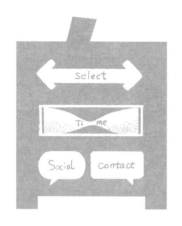

这样的生活模式让我完全没有时间思考，一切都匆匆忙忙，大部分时间花在解决问题和应对突发状况上。晚上 10 点带着满身疲惫打车回家，回家后脑子依然在想工作的事情。我不敢生病，不敢请假，休息一天意味着后面会有加倍的工作。

我现在的生活就完全不一样。我可以睡到早上 8 点起床，关注一下昨晚的财经信息，思考今天是否需要进行交易操作，如果需要，就在 9 点 15 分前做好决策，10 点享用一顿健康的早餐。我有时间阅读、思考和写作，每天陪爱人吃午饭，下午一起去健身房锻炼一个小时，傍晚 5 点回来工作。

每一周，我都会留出思考、会友、水疗（SPA）和给学员解决职场、投资、副业等问题的时间。每两个月，我都会安排至少一周的时间和家人去旅行。我也会腾出一些时间关掉微信、"丢掉"手机，让自己不受信息干扰地沉浸于当下的生活，始终保持对生活的期盼和热情。

比财务自由更重要的是我们明确地知道自己想要以哪种方

式、和谁在一起、过怎样的生活。很多人被自己的观念束缚，认为一定要拥有几千万甚至上亿元的资产才能称得上实现了财务自由，只有到那时才能放下手中忙碌的工作去享受完全退休的生活。但事实并非如此，许多资产上亿元的企业家也不能从工作中抽身，享受绝对的自由，甚至比正在阅读这本书的你更忙碌。

对于自由，我有一些新观点是在实现自由人生状态之前未曾想到的，下面分享一下。

（1）财务自由不是生活的目的，时间自由和社交自由才是我们想要的。

正如本节开头提到的查理·芒格的那句话，我们追求的是独立自主、不受他人意志左右的生活，以及对自我时间的完全掌控权。我们至少可以不用为了钱出售自己的时间，不用为了钱应付不想应付的人。

（2）选择越多，就会越自由。

大部分人对自由和财富的追求都源于安全感的匮乏。这种匮乏可能是生活的不确定性带来的，也可能是选择太少、没有后退的余地。当我们给自己创造的选择越多时，我们就会越自由。正如你的收入渠道越多，你的选择空间就越大，不必违心做抉择。

（3）你并不需要有那么多钱，你需要的是让钱为你赢回时间。

钱只是我们实现自由人生的工具，它能带我们去想去的地方，却无法告诉我们该如何生活。它可以帮我们赢回充裕的时间，让我们专注于自己最想做的事情。从这一点看，最快赢回时间的办法是找一位合适的老师，在几个月内把他 10 年、20 年积累的知识和经验学到手，并吸收、内化成自己的能力。

此外，有些高收益的投资项目并不需要花费多少时间，一旦你了解了它们，钱就会从四面八方涌向你。在认知充分的条件下，善用杠杆也是实现自由的有效手段。

（4）不会投资，财务自由只是昙花一现的美梦一场。

大部分人忽视了生活成本会随着赚钱能力的增长而膨胀，它是对我们长期保持财务自由状态的最大威胁。

财务自由分为以下三个阶段。

第一阶段：被动收入大于最低生活开支。

第二阶段：被动收入大于当下的生活支出。

第三阶段：被动收入足以支付我们梦想中的生活。

钱挣得越多，花得也会越多。现在有 10 万元的代步车开，我们就满足了。但是，钱挣得更多时，我们就会不可避免地想升级到 30 万元、50 万元的车。

如果被动收入覆盖支出，在生活成本膨胀的同时，本金也会损失。就像蓄水池一样，进水少而出水多，总有一天钱会流光，所谓的财务自由便成了一场美梦。所以，我们在走向财务自由的过程中，要么努力保持支出不变，要么努力提高自己的投资能力。

我经常对学员说，希望他们迈向自由而富足的人生。富有是有钱，富足则是有时间。大部分人不敢想，是因为他们限制了自己的思维。只要敢想，就能做到。前提是你百分之百地相信这一点。

在阅读本书后面的内容之前，我希望你先给自己一个积极的心理暗示：我一定可以过上自由而富足的人生！

5 个技能破除人生卡点

人真正需要的不是没有压力的生活状态，而是为了自己自由选择的、值得的目标努力和奋斗的状态。

——维克多·弗兰克尔[①]

过去 3 年，我去了 20 多个地方，认识了很多生活方式超乎我们想象的人。越来越多的人选择自由职业，把时间花在自己身上，做自己热爱的事情，换回了更多的财富。

生活本不必如此艰辛。大部分人，包括过去的我，总是试图说服自己生活本就是如此，用朝九晚五的辛苦工作换回短暂的周末和假期，还要冒着随时被解雇的风险并面临一定会到来的中年危机。

---

① 著名心理学家，《活出生命的意义》的作者。

但是，最近 3 年的经历让我意识到还有其他更快乐的活法。经过这 3 年，我拥有了自己过去 10 年都未曾想过的财富，有了热爱的事业、说走就走的旅行和社交自由的权利。我可以用在上班时一半的工作时间获得比上班时多几倍的收入。蒂莫西·费里斯在《每周工作 4 小时》中写道："选择和选择的权利才真正具有力量。"

如何付出最小的努力和代价获得更多的人生选择权，这是我想在本书中探讨的问题。大多数时候，选择权对应的是足够的财富。我们不得不承认，金钱能给我们带来生活、人生选择甚至人际关系上的底气。

如果拥有足够的金钱，你就可以在面对不喜欢的工作时勇敢"裸辞"，而不用顾及连续几个月找不到工作时没钱交房租；在面对不喜欢的客户时，你就可以不必委曲求全地讨好他们。选择权的意义不仅是可以自由地选择自己所爱的人和事，还是可以有远离不喜欢的人和事的底气。

那么，如何让更多的金钱支撑我们拥有更多的人生选择权呢？我总结了一套自由人生公式。

自由人生＝主业＋副业＋投资＋套利＋个人影响力

主业

主业是指我们花费时间最多且能提供主要收入来源的工作。本书提及的主业主要是指大部分普通人的唯一收入来源——在公司工作。

第一个让我突破 100 万元收入门槛的是主业，我用了 9 年时间从月工资 2000 多元到年收入过 100 万元。即使花了 9 年这么长的时间，也比许多同龄人要快很多，但我在这个过程中付出了多少努力是旁人无法想象的。

我曾通宵加班，走出公司大门后甚至有点恍惚，想不起来当天到底是几月几日；也曾在接受新岗位的挑战后，为了找到实现目标的新思路而学习到凌晨 3 点。

我不建议大部分人像我一样以健康为代价拼命工作，以换取职场中更多的机会和收入。如果时间可以倒流，我宁愿少花点时间在加班上，多花点时间在个人能力的提升和职场影响力的打造上。这些才是可迁移并在未来持续产生复利的东西。

当然，在职场中向上发展，换取更高的收入，还是有方法可循的。我从自己 9 年的经历中总结了一些方法分享给大家。

（1）从人生目标出发，以终为始地思考自己的工作方向。热爱才是在一个方向上深耕并获得卓越成果的前提条件。

（2）"借假修真"，把公司当作自己拓宽视野和提升能力的平台，让自己成为该领域的专家，建立自己的职场影响力。

（3）借工作锻炼自己的思维方式，如杠杆思维、击球手思维、共赢思维等，这些都是可以应用在其他事情上的底层思维。

（4）勇敢、果断，给自己设定更高的目标且不留退路。一旦你暗示自己可以接受备选方案，通常事情就果真朝这个方向发展了。

虽然大部分人终其一生都不会实现主业年收入过百万元，但只要做到以上几点，实现 30 万元甚至 50 万元以上的年收入还是有很大可能的。我会在第 2 章详细说明如何在职场中做到以上几点。

一旦你开始相信这一点，目标的实现速度可能会比你预想的要快得多。2022 年 2 月，我曾在给一位学员的寄语中写道："2023 年，你会实现年入百万元。只要你相信，就会看到。"她原本是不信的，当时她的主业和副业收入加起来才不到 2 万元 / 月。但是，在我们的共同努力下，她开始坚定地相信自己真的可以做到。结果在 2022 年底，她真的实现了 100 万元的年收入。

副业

如果你想更快地实现人生目标，拥有更多的财富，副业和主业双管齐下是更快的路径。

14 岁时，我就开始了探索副业之路。但那时主业是上学，我对副业也没有概念，只是单纯地想多赚一些生活费，买自己喜欢的书。到大学时，我用副业赚回了自己大学 4 年所需的生活费和学费。

我自己真正意义上的副业探索，应该是从 22 岁开始的。那时我刚毕业一年，工资只有 2500 元 / 月。为了更快地攒到可以拿去投资的第一桶金 10 万元，我开启了美妆博主的副业。只用 2 年，我的副业收入就超过了当时的主业收入。

这十几年间，我做过很多副业，如美妆博主、海淘代购、写手、运营顾问、大学生简历辅导、理财训练营班主任、线上课程开发等。副业收入也和主业收入一样不停地增长，从最初的单纯靠时间换收入的模式到后来的兼职创业拿分红的模式，再到组建团队、通过自运转系统获得收入的模式，最终实现了副业年收入也能轻松过百万元。

副业对于我的意义不仅是拓宽了收入边界，更多是在主业发展到达"天花板"之前，为创造第二曲线甚至第三曲线提供了可能性。

身处职场，尤其是互联网行业，"35 岁危机"简直是一个不可消除的魔咒。互联网公司的工作普遍节奏快、加班多，需要从业者具备更强的灵活性和创新性，只有这样才能引领行业的发展。大部分互联网公司更愿意招聘思维灵活、体力和精力都旺盛的年轻人。那么，年纪稍大的人怎么办呢？如果到了 35 岁还没有升到管理层，基本就只能面临被淘汰的命运了。

发展副业，几乎是每一位互联网人在 30 岁时迫切需要考虑的问题。但是，在最近几年，人们发现无论哪个行业都有非常强的不确定性，工作说没就没了，副业也成了大部分人不得不考虑的事情。毕竟，多一份收入就多一点确定性。当然，如果你能更早开始，你的选择又会多一些。

在副业方面，我想跟大家分享以下几点建议。

（1）尽可能地搭建更多收入渠道，提升面对人生意外的抗风险能力。

（2）在你擅长的事、热爱的事、赚钱的事、对别人有价值的事中寻找四者交汇的"甜蜜点"，把副业发展成可终生从事的事业。

（3）从自身需求出发，找到可以满足该需求的解决方案，再兜售给目标客户。

（4）让你的时间更值钱，从"卖时间"的模式转变成"卖系统"的模式。

（5）坚持学习和研究，以不变的内核应对千变万化的市场。

副业的收入上限往往比主业高。做好副业，在不确定性中找到确定性，是我们每个人都需要做的事情。我会在第 3 章详细讲述如何找到自己的副业方向，如何开启副业，以及怎样让自己的时间更值钱。

投资

我一直认为，投资可能是每个人这辈子的最后一份职业。无论你是靠主业还是靠副业赚到了钱，最终都想要实现"钱生钱""躺赚"的人生状态。我所说的最后一份职业不是最后才做的事情，而是贯穿你一生、需要持续做的事情。

大部分人都希望实现财务自由。什么样的状态算实现了财务自由呢？就是你的被动收入大于你的支出。什么是被动收入呢？被动收入是指你不需要花费时间和精力就能自动获得的收入，如房租、股票收益、基金分红等。如果你想实现不上班、不看领导脸色、睡到自然醒，还能有钱花的人生状态，建议你尽早开始学习投资。

我最早有学习投资的意识是在22岁时，但我推迟了整整3年才开始学习，就是因为陷入了一个思维误区：我以为要有了10万元才可以开始学投资。大多数人都会陷入这个误区，认为只有先有钱才能学投资，不然学了也没钱买理财产品。

这个想法是极其错误的。为什么这么说？

第一，要做好投资是一件很难的事情，它需要我们终身学习。投资市场中聚集着我国甚至全世界最聪明的大脑，大部分基金经理、研究员等都是清华、北大、复旦、上海交大毕业的聪明人。你相信自己学习几个月就能获得10%以上的高收益吗？

第二，做好投资需要不断地试错，在交易中不断修正自己的投资逻辑和不良心态。钱越少，你的试错成本越低。假设你有了 100 万元以后才去实践，而一个失误可能导致 50% 以上的亏损，那么你失误一次就可能损失 50 万元。当你只有 1 万元时，即使亏损 50%，也只会损失 5000 元，你在心理上要好受很多。我曾见过很多靠创业赚了几百万元的人不学习而贸然投资，把钱亏光后再也不敢踏入投资市场。投资这件事不是唯时间和经验论，而是你的认知能力越强，收益才会越大。

第三，投资学习中形成的思维可以让你受益一生。我是文科专业毕业的，写了多年小说，还从事了几年编辑工作，按理说是非常感性的人。但是，运营、投资、创业都需要非常强的理性思维和果断的决策能力。我的学员小羊车儿说："阿七老师是我见过唯一一个把感性和理性融合得这么好的人。"

在为人处事方面用感性思维，与他人共情、共赢；在工作和投资方面用理性思维，行动果断、不拖泥带水；在企业运营方面，用投资中学到的方法分析行业、分析公司，找到业务增长的破局点。这些都是 9 年的投资学习和实践带给我的。

这些年的投资经历带给我的不仅有思维和能力上的成长，还有金钱上的回报。2020 年，我实现了投资年收入超过百万元。所以，如果时间和条件允许，我建议你尽早开始学习投资。

套利

2020 年，我把套利加入了自由人生公式。这是我在那一年才接触到的新概念。我理解的套利是基于对规则的解读，发现低买高卖的机会，并在规则允许的前提下一买一卖，获得确定性的收益。它与通过投资获得收益的根本区别在于是否有确定性。

套利与投资、副业之间不是相互独立的关系，它们之间有交汇点。

各种新发行证券产品的"打新"，包括 A 股打新、可转债打新、不动产投资信托基金（Real Estate Investment Trust，REITs）打新、港股打新等，既属于投资的范畴，也属于套利的范畴。

你在工作之余开了一家杂货铺。某天，你在和同行聊天时发现他的进货价比你的高 30%。于是，你答应给他供货，比他现有的价格低 10%。这样你就从与供应商和同行之间的一买一卖中赚了 20% 的差价。这属于套利的范畴，也是副业的延伸。

生活中也同样存在很多套利的机会。例如，你既投资了房产，又投资了股票。当房价下跌、股市繁荣时，你把房子卖了，用卖房子的钱买了股票，这就是典型的套利。

套利是行为金融学中的一个重要概念。从理论上说，套利应该是零成本、零风险、正收益的，这被称为"理论套利"。在现实生活中，同时满足以上三个条件的机会极少，可能满足零成本和正收益，风险趋近于零但不等于零。所以，现实中的套利也被称为"有限套利"。

我把套利提高到与投资、主业、副业一样重要的地位是出于两方面原因：一是尝到了套利的甜头，从 2020 年开始，我每年在套利上的收入都在六位数以上；二是增强信心，套利收入让我在面对金融市场波动时能泰然处之。

从 2021 年开始，我花了更多时间挖掘零风险、低成本甚至零成本的套利方式并教给我的学员们，帮助他们在工资之外获得更多收入。我会在第 5 章详细介绍套利的方法。

大部分人刚接触这个概念时都不会相信有如此轻松的赚钱方式，我的学员小 Y 也是其中的一员。两年前，他刚认识我时是抱着"反正学费不贵，不妨试一试"的态度来学习的。现在，他已经可以做到每个工作日只花 2 小时，每年多赚 20 多万元了。

个人影响力

个人影响力是最后一个被我加入自由人生公式的元素，但也是"天花板"最高、复利效应最显著的一个。个人影响力可以反哺主业、副业、套利和投资 4 个方面。

有个人影响力的人是什么状态?

在主业上，领导愿意信任你，给你重要的机会和责任；同事觉得你靠谱，推进项目合作时非常顺利。

在副业上，客户认为你是良心商家，愿意给你订单，找你合作。

在套利上，一些实物套利出货时，对方信任你，愿意提前付款，给出比市场行情高一点的价格。

在投资上，家人不用天天担心你是否会陷入金融骗局，父母愿意出资供你学习和实践。

此外，你对外展示的人格魅力和专业能力可以给你带来众多的追随者和合作机会，让你的收入不断突破新高。

你可以说这些是臆想，但它们都是真实地发生在我的生活中。如果退回到 10 年前，我万万想不到个人影响力如此重要。

我在 2020 年辞职后开始做自己的个人品牌，一个人单打独斗。那年 11 月，我给自己定了一个目标，"帮助 1000 人迈出理财第一步"。好的口碑和过硬的产品交付让我在第一年便实现了营收达到 150 万元，这是我之前想都不敢想的事情。

随着个人影响力的扩大，我的目标变成了"帮助 10000 人过更有底气的生活"。理财不再是唯一途径，我更想做的是让自己总结的这套实现理想生活的人生系统赋能更多人。

我把自由人生公式的 5 个方面当作 5 项需要点亮的技能。我们可以把它想象成一棵树，主干是自己想实现的自由人生，主业、副业、投资、套利和个人影响力就是从主干分出去的 5 根主枝。要想让每一根主枝发育得好，长得枝繁叶茂，我们就要提供阳光、雨露、风和营养。投入时间和精力，让 5 根主枝都开花结果，我们追求的财富和自由人生就会实现。

假设把每根主枝开花结果当作 100 分，你可以给自己当下的状态打个分，距离 100 分还有多远，代表你还有多大的成长空间。

分数不高也没关系，放轻松，和我一起打开新世界的大门，开启一段"新知之旅"吧。

如果你刚参加工作，比较迷茫，不知道自己喜欢什么，不知道自己想做什么；

如果你刚结婚生娃，生活开支一下子因为孩子的到来而变得拮据；

如果你工作了 10 年，面临孩子升学需要买学区房的压力和职场上升的"天花板"，找不到进一步提升收入的有效途径，都不妨仔细阅读这本书，它将是你今年送给自己的最好礼物！

在这一节的最后，我准备了一张自由人生公式中 5 个技能的目标表格（见表 1-1），用来帮助你梳理目标和实现路径。你先填好，等你阅读到第 7 章时再回顾最初填写的内容，做好复盘并迭代。

表 1-1　自由人生目标梳理表

人生技能	想达成的状态	达成状态需完成的目标（数据化）
主业		
副业		
投资		
套利		
个人影响力		

利用信息差和认知差提升赚钱能力

很多时候，钱能解决我们生活中的大部分问题。在重要的人生关卡上，我们是否具备"选择自由"的底气与我们的赚钱能力紧密相关。而信息差和认知差是决定我们在赚钱能力上能否与其他人拉开差距的关键因素。

信息差和认知差

信息差就是信息的不对称，包括时间差[①]、途径差[②]、资源差[③]。在买卖活动中，买卖双方掌握的信息不同。掌握信息较多的一方占据更有利的位置，可以获取更多的利益。而掌握信息较少的一方，付出的成本会更高。

利用信息差赚钱，就是利用信息的不对称成为掌握信息较多的一方，在赚钱这件事上掌握主动权，进行低买高卖。例如，一顶草帽的市场价为 30 元，经销商的进货价为 20 元，但你有资源，能以 10 元的价格买到。

认知差越大，了解事物的视角、深度及广度也就越不一样。

[①] 即你比别人知道得更早。很多赚钱机会有窗口期，早知道就多赚钱，晚知道就少赚钱。
[②] 即你比他人有更优质的途径、渠道等。
[③] 即你有而别人没有的能促成赚钱机会达成的人际关系、本金、供应链等资源。

认知差包括能力差[①]、洞察力差[②]、执行力差[③]。利用认知差赚钱，就是你我都知道，但我比你更专业、更精通，我可以利用更高维的知识、行动力和洞察力获取更多的信息和赚钱方式，降维赚认知水平低的人的钱。

例如，A 和 B 都知道可以通过可转债打新赚取新债上市的收益。A 有一个账户，一年也中不到几次新债，一年下来只赚到了 1000 元。B 知道除了申购新债，还可以成为股东获得新债的配售权益。除了申购新债卖出赚到的 1000 多元，B 在股东配售上获得的收益超过了 5000 元。这就是知道相同的事情，但对这件事情的理解不一样，认知上存在差异。认知高的人就会比认知低的人赚钱能力更强。

赚钱的底层逻辑无非这两种，但人的思维、认知和眼界的局限性体现在赚钱能力的高低上，会带来天差地别的结果。认知水平和眼界越低的人，就会越抗拒外界的新事物和新变化，越抗拒了解新的赚钱方式。

人都是恐惧变化、未知和不确定性的，但往往新的机会就藏在未知中。要提升赚钱能力，我们必须打破信息的不对称，掌握主动权。

打破信息不对称，掌握主动权

赚钱能力的提升靠的是信息差和认知差，究其根本就是信

---

① 即你比别人能力更强，你能做到而别人做不到的事。
② 即你能挖掘别人看不到的赚钱机会，敏感度更高。
③ 即你能比别人更快地行动并拿到结果。

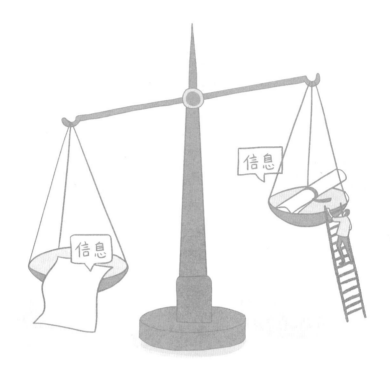

息的不对称。那么，如何打破信息的不对称，我分享以下几点
方法。

（1）破除自己的"回音圈"

我们日常接收到的信息，都会经过自己固有的圈子过滤。
我们守在固有的圈子里，这个圈子发出的声音和我们的三观类
似，进一步强化我们的认知和思想，这就是"回音圈"。就像自
媒体 App 会根据用户的喜好推送他喜欢看的东西，过滤掉他不
喜欢看的，形成"信息茧房"，他就再也接触不到新的信息和事
物了。

因此，我们要打破固有的"回音圈"，主动接触一些能提升自己视野、认知和能力的事物，多与不同思想、不同职业的人交流。

（2）做 T 型人才

在自己的领域深耕，成为行家，从"螺丝钉视角"转变为"行业视角"，我们就能看到很多以前看不到的东西；然后把自己的涉猎范围从这一个点扩散出去，就能接触更多其他领域的东西。

（3）深挖自己的需求

很多时候，我们自己的需求也是大部分人的需求，为自己的需求找到解决方案，然后把它卖给有同样需求的人，这就是赚钱机会。

我在 2011 年时月工资只有 2000 多元，用不起大牌护肤品正装，只能买小样和中样使用。虽然份量小，但我可以用 1/3 甚至更低的价格买到好的护肤品。于是，我深入了解各大品牌的推广活动，挖掘获取中小样的机会，然后把中小样卖给有相同需求的姑娘们。这个赚钱机会在 2011—2013 年每年可以为我带来 4 万元的收入。

这是一种从生活中找到信息差的有效方法，我用这种方法敏锐地挖掘了很多赚钱机会，你也可以试一试。

（4）小步快跑，快速迭代

当你找到一个有效的赚钱信息时，就要快速行动，在行动中提炼方法论，对不足的地方进行优化迭代，让自己的项目快速运转起来。

很多人可以做到前 3 点，但依然没有赚到钱，主要原因就是缺乏执行力。请大家记住一句话：

一流的项目，三流的执行力，三流的流量，那么这个项目不赚钱；

三流的项目，一流的执行力，一流的流量，那么这个项目肯定赚钱。

这里的流量是指市场需求，有需求，就有流量。只要执行力提上来，凭什么赚不到钱？

以上 4 点可以总结成一个公式：

提升赚钱能力 = 发现时机（敏感度）+ 深入研究 +

执行力 + 复盘迭代

讲到这里，我要给大家分享一句话：没有不赚钱的方式，只有不赚钱的人，希望大家不要做思想上的巨人、行动上的矮子。

我的故事：小镇姑娘如何逆袭致富

鉴于本书后面的内容会不断提及我个人成长中的一些片段，而且很多概念和观点的形成与我的成长经历有关，所以在这里我想先简单分享自己的职业成长经历和财富增长历程。如果你也想实现自己的理想人生，也许可以从我的故事中找到一些值得借鉴的地方。

我出生于一个只有 3 万人口的小镇，家庭经济状况不好。2006 年高考失利，我考入了一所非重点大学的编辑出版学专业。在大学四年中，我沉迷于写作，给自己赚学费和生活费。2010 年大学毕业，当其他同学都在考虑考研还是考公务员时，我迫不及待地奔赴北京，开始赚钱养活自己。

我的职业成长经历分为 4 个阶段，但财富增长历程分为 3 个阶段，两条线是并行发展的，具体如图 1-1 所示。

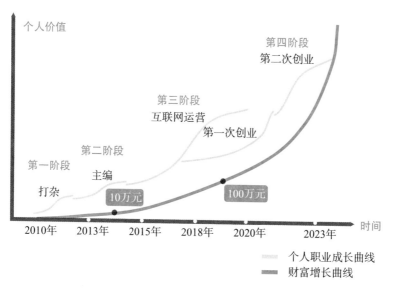

图 1-1 我的个人职业成长和财富增长曲线

职业成长的 4 个阶段如下。

2010—2013 年：打杂、探索阶段，尚未明确想要从事的工作。

2013—2015 年：沉淀、晋升阶段，开始承担管理团队的职责。

2015—2020 年：跨行、进入互联网行业阶段，在互联网公司开始加速成长，开启运营职业生涯，同时开始第一次创业。

2020 年至今，第二次创业。

财富增长的 3 个阶段如下。

2010—2015 年：实现第一个 10 万元。

2016—2020 年：实现第一个 100 万元。

2021—2025 年：实现第一个 1000 万元。

每 5 年我会给自己制定一个 5 年计划。第一个 5 年计划的目标是拥有 10 万元存款，已经在 2013 年实现了。第二个 5 年计划的目标是年收入超过 100 万元，已经在 2019 年实现了。第三个 5 年计划的目标是拥有 1000 万元资产，这个目标在 2023 年已经实现了。

我的个人职业成长曲线类似于查尔斯·汉迪提出的"第二曲线"，我在"第一曲线"衰落之前主动开启了"第二曲线"。而我的财富增长曲线更像"复利曲线"，初始增长缓慢，但到了某个拐点以后就飞速增长。

为了方便大家理解，我将按照时间线讲述这个故事。

21 岁，第一次在"钱"上失控

2009 年 7 月，当同班同学还在为寻找实习公司发愁时，我进入了一家当时在行业内排名前 10 的网络文学公司，电视剧《美人心计》的原著小说《未央倾城》就出自我所在的部门。同年，公司被北京的一家上市公司收购。12 月，我所在的部门整体搬迁至北京总部，我也跟着去了北京。高考的失利让我对 4 年大学生活耿耿于怀，我总觉得自己不属于那里，应该去更广阔的天地。去了北京后，我的傲气开始滋长。也就是这股傲气和对文艺的向往，让我的生活在 10 个月内就彻底失控了。

北京的一切对初入大城市的我来说都是新鲜的。五道口的韩式料理、魏公村的巫山烤全鱼、中关村的 Zara、东棉花胡同的中戏剧场、北大东门的出租房……这一切都让我着迷。

超前的消费和每月的高额房租压得我喘不过气来。我本以为辞职换一份高薪工作就可以解决困境，但是"裸辞"后苦苦撑了一个月，发现能找到的工作的工资都不如上一份工作。压死骆驼的最后一根稻草是交房租时发现定投的基金亏损了 50%，我只能被迫收拾行李回到南京。

这一段经历让我意识到自己和金钱的关系不好，这也是我开始在钱上寻找解决方案的起点。我用"失控"来形容这段时间，对金钱、生活和自我的失控，让我彻底地陷入了物质欲望。

如果只看工作，我算是成长比较快的。2010 年 5 月，我因为不肯妥协于网站原有的古言风格，业绩一直在部门中排最后一名。主编为此找我谈话，想要劝退我。虽然心里焦虑，但我依然坚持自己的看法，逆市场行之，专攻自己选定的方向。3个月后，我名下作者的作品在中国移动阅读基地销售榜排进前3名，业绩实现了跨越式增长。

现在回忆起往事，很多事情只用一句话就能概括。但是，当时我付出了很多努力：调研受读者欢迎的选题、故事和桥段，一字一句地帮助作者改稿，积极维护粉丝，等等。正是在这段时间，我给领导留下了专业、靠谱的印象。没想到的是两年后公司需要招聘一名主编，领导推荐了我。

回到南京，我开始有意识地寻找是什么导致自己的生活失控。在读完《富爸爸穷爸爸》这本书后，我被其中3个观点触动。

（1）资产和负债的区别：资产是把钱带进口袋的东西，负债是把钱从口袋掏出去的东西。

（2）钱不是真正的资产，资产是投资、股票、房地产等。

（3）先给予，后获取，回报往往是丰厚的。

这本书告诉我，理财能力比赚钱能力更重要，于是我萌生了拥有10万元后开始学习理财的念头。这个念头就像一棵大树深深地扎根在我的脑子里。为了实现这个目标，我开始寻找主业以外的赚钱方式，因为我知道以自己当时2500元的月工资，即使不吃不喝也需要3年多才能实现目标。

2010年底，我从大众点评论坛的两个板块发现了新的赚钱机会，一个是"食在南京部落"，另一个是"南京赠品部落"。这两个"部落"让我可以不花钱吃美食，免费用大牌护肤品，既能帮助我实现我想要的精致生活方式，还能让我通过卖闲置护肤品、顺便帮商家推广赚点钱。具体的方法请阅读 3.5 节。

出于对大牌护肤品的兴趣，我沉迷于各大品牌的市场推广活动，熟悉不同的产品线、每年不同单品的推广周期、活动形式及合作平台。正因为这些研究，我得到了一家国产护肤品公司的工作邀约。虽然对方给我的职责是制作公司内刊，但我主动承担了公司自媒体账号搭建和市场推广的工作，这也给了我接触时尚论坛和护肤品博主的机会。

主动承担市场推广的工作，短期来看给了我做护肤品博主的机会，让我接到了广告，赚到了副业收入；长期来看提升了我的自媒体触觉和市场推广能力，这些能力在 2015 年我入职苏宁做运营和 2018 年入职新公司接管自媒体部门时都起了很大的作用。

24 岁，第一次承担管理工作

2013 年 3 月，我接受了第一家公司领导的推荐，回去担任主编一职，负责女生频道的整体方向和团队管理工作。那时我还很稚嫩，第一次承担管理工作，既不会讨好上级，也不知如何为下属争取利益。我唯一的想法是要干就干出点成绩，在专业领域深耕，用自己对文字的敏锐嗅觉挖掘和培养有潜力的作者。

或许是从事内容生产工作的时间太久了，我在业务上能够驾轻就熟。到后来，我每天只需要工作 3 小时就能完成主要工作。先后两年，我都在公司取得了不错的成绩。工作对我来说是舒适的，我有大量的时间可以用于研究副业。正是在这个阶段，我攒够了自己的第一个 10 万元。

这家公司给了我充分的空间验证自己的想法，我有完全的自主权决定频道的内容走向和运营思路。我把自己过去在护肤品市场推广上的一些经验复用到频道的日常运营中，搭建志愿者团队、运营粉丝、策划活动等。虽然当时我头脑中完全没有"运营"这个概念，但从此以后我和运营结下了不解之缘。

2015 年，我决定更换赛道，离开自己当时已经得心应手的岗位，转而进入互联网公司。让我决定离开舒适区的原因有以下 3 个。

（1）随着智能手机的普及，流量从 PC 端转向手机端，而我所在的公司在未来的流量争夺战中一定会逐渐失去竞争优势。对我来说，更好的方向是换一家做手机 App 的公司，熟悉新的技术。

（2）我更喜欢互联网公司的开放、简单和直接的人际关系，也喜欢单纯做事的氛围。

（3）在经历了两年多的成长后，我发现在公司能学到的新东西越来越少，我所处的职位也没有可能再往上升了，这并不是我想要的，我还处在追求新的挑战和高速成长的阶段。

我瞄准了当年南京最大的一家互联网公司——苏宁。那时，我想成为一名产品经理。但是，产品经理需要懂技术语言，我完全没有这方面的功底。而运营作为产品经理最常接洽的需求方，或许是我转型为产品经理的合适跳板。于是，我把目标瞄向了运营岗位。

现在回头看，这个决定其实改变了我职业生涯的走向，也让我进入了高速成长期。

26 岁，在互联网公司高速成长并开启运营职业生涯

2015 年，我在苏宁开启了自己的运营职业生涯，也在这一年踏上了投资学习之路。

在我入职后的 2 个月，苏宁和阿里巴巴宣布达成战略合作，互相入股，公司股价翻倍，创下历史最高价 23.14 元 / 股。我算是幸运的，在苏宁发展最快速的时期乘上了东风。

我一开始的岗位是内容运营，负责苏宁阅读 App 网文板块的内容运营，挑选合适的内容推荐给用户，做好用户喜好的数据分析，提高网文板块用户的阅读量。这个岗位刚好契合我以前的工作经验。推荐内容的工作对我来说不难，我在入职 3 个月内就将所负责板块的阅读量提升了 50%。难的是数据分析、提出产品需求、电商活动策划等我完全没接触过的任务。

后来，我跟总监交流，当时为什么给毫无运营经验的我这个机会，并且在副总裁不批的情况下再三为我争取我想要的工资。她说这是因为我问了一句话："苏宁作为电商公司，是不是认真想做阅读产品？如果不是，我就不来了。"这让她意识到我是真的热爱阅读这一行。当时的我连什么是运营、PV[①]、UV[②]都不知道，更不会想到多年后自己会靠运营工作第一次实现年收

---

① 即 Page View，页面浏览量。
② 即 Unique Visitor，独立访客。

入过百万元。

刚到苏宁的前 3 个月，我是既痛苦又欣喜的。痛苦的是我每天都在学习新的东西，包括数据分析、产品语言、活动页面搭建、海报设计、产品需求撰写，以及复杂的运营后台、公司流程等，每一项对我来说都是全新的挑战。欣喜的是我喜欢这种天天都有新挑战的感觉。

入职后的第 3 个月，我遇到了运营职业生涯的第一个严峻的挑战。半个月内，我所在运营部的领导和同事们相继跳槽，当时还是新人的我独自承担了 5 个人的工作量。这个突发状况一下将我砸蒙了，我甚至想过要不要也跳槽，但最终我坚持了下来。那段时间的压力大到我有了抑郁的倾向，也是在那时候我慢慢找到了与上级的相处之道及更高效的工作方法。于是，我的职位快速上升，半年多升任经理，一年半升任运营总监。

在不断的实践中，我在用户转化和数据分析这两项技能上变得越来越成熟。我可以从某项业务中抽丝剥茧地找到破局点，提升用户转化率。例如，在 2018 年的"6·18"大促期间，我带领团队将频道页面的付费转化率从 7% 提升至 14%，让自己的部门在 20 多个部门中拿到了业绩第一。

在互联网行业中，新的信息和机会太多，对于如何实现高速成长，我总结了以下 3 点。

（1）把自己过去掌握的技能置于新的环境中，大量实践，把那项技能转化为可用的新技能。

（2）进入一个新的行业后，尽快掌握几项核心技能，它们可以成为你在这个行业的安身立命之本。于我而言，有了用户转化这项技能，我才能在后面的 2 年工作和 5 年创业中一再获得理想的成果。

（3）掌握了核心技能后，成长速度最快的方式就是主动负责一些需要多部门协作的项目，推动项目落地。在此过程中，你能锻炼全局思维、项目管理和与人沟通的能力。

在苏宁加班工作的同时，我也没有忘记学习投资。于我而言，学习投资是工作之余的一剂良药。在学习过程中拿到班级第一，接触到更多厉害的前辈们，在市场中验证自己的猜想，这个过程让我着迷。

也许是运气比较好，我开始学习投资时虽然错过了 2015 年 6 月的大牛市，但入场时机刚好是牛市过后市场"一地鸡毛"的时候。在新手阶段，我热衷于投资"白马股"，2017—2018 年的"白马股"牛市让我实现了 30% 以上的年化收益。

2018 年 6 月，做完"6·18"大促、准备好"8·18"促销方案后，我提了离职。因为我看到了自己在苏宁这家公司的"天花板"，我需要新的成长和挑战。

在苏宁的 3 年，我经历过部门的两次变革，我们团队的很多人都选择了转到新部门或跳槽，但是我留了下来。因为我知道自己不会在这里待很久，借公司的平台提升自己的能力，尽快成长为可独当一面的全栈运营人是当时最要紧的事。

如果没有这 3 年的稳扎稳打，或许我现在也是深陷中年危机的一员。不管从事什么工作，我都建议至少沉淀 3 年时间，才有可能对所在行业有较深入的了解，朝着专家的方向走下去。在职场中，"专"比"多"更重要。

29 岁，第一次创业和职场生涯中最大的飞跃

2018 年 8 月，一次偶然的聊天促成了我的第一次创业。我们几个一起学投资的同学在交流中发现，大家学习后各自在市场中沉浮，没有人可以交流，也没有地方分享经验。为了满足有同样需求的人，我们一拍即合，创立了一个社群。我们邀请了一位投资机构的研究员入伙，以他为内容输出中心，定期分享投资知识。

创业不易，兼职创业更不易。我们不仅面临各自都有主业工作、时间不够的问题，还要应对拉新、运营、用户留存、内容交付等问题，一点点摸索着前进。为了节省运营成本，我们现学了很多新技能。

在这次创业过程中，我萃取了自己的投资知识，学会了如何运营社群、如何维护种子用户，了解了创业过程中有哪些可能会踩的"坑"，这些经验为我第二次独自创业奠定了基础。正是在这个过程中，我学到了很多专业投资机构的投资方法。

离开苏宁后，我想寻找一个更大的、可以充分施展拳脚的平台，于是来到了上海。新公司给了我 3 倍的工资和团队规模，也给了足够的信任让我根据自己的想法开展业务。在这家公司期间，我体会到了撕裂般的成长。如果说我在前 3 个阶段还是聚焦于某个项目的业务能力和执行力的提升，那么我在这个阶段的成长已经转移到了商业认知和高质量的思考决策层面。

在这个阶段，我几乎是三条线并行成长的。

一是承担年营收高达数亿元的产品的运营工作。不论是用

户价值的提升、新商业模式的探索、内外资源的统筹，还是向上、向下和平级的管理，对我来说都是全新的挑战。我一边在"三节课"平台学习高阶运营课程，一边在工作中不断地迭代自己的方法论。在这个过程中，我花了 2 年的时间学会了克制"觉得团队成员干得都不如我，凡事都要自己上手"的冲动，学习赋能团队。

二是自己兼职创业的公司需要解决用户从哪里来、提供哪些对用户更有价值的产品、怎样留住用户并让其自传播、如何实现从 0 到 1 的破局和从 1 到 100 的快速突进，以及创业团队股权结构如何设计、怎样分钱才能达成平衡状态等问题。

三是在学习投资时近距离接触了很多前辈并吸收他们不同的投资思路，融汇形成了自己的投资框架。2018—2020 年，我经历了股市的多次黑天鹅事件，认识了可转债、基金套利、港股打新等当时赚钱效应极强的投资品种，以及风险与机会并存的市场环境，也极大地锻炼了自己的心性。

这三条线放在任何一个人身上，可能都会带来人生重大的改变。不过，这三者叠加到我一个人身上，就成了我职场生涯和财富曲线的拐点。

2019 年，我在业务和人际关系上的努力，让我管理的部门从公司最边缘的部门成了领导最重视的部门。领导的重视也体现在了我的收入上。同年，我们创业的项目在第一年营收突破 200 万元，可转债和港股打新市场也在这时开启牛市。这些直接反映在我的年收入上，稳稳地突破了 100 万元。

回头看这两年时间，开始得极其痛苦，自我认知无法承担几亿元规模的业务和二三十人团队的重担，还有创业初期没流量、没钱、没资源的窘境，我焦虑得睡不着觉。好在我从未想过放弃，我的性格属于迎难而上、越挑战越兴奋的那一类。

对我来说，这是一个不断思考和完善自身知识体系的过程。正是在这两年撕裂般的成长过程中，我逐渐建立了一套关于产品、运营、管理、商业的完整的方法论，并在实践中积累了强大的自信。

现在回想一下，就是在这段时间，我开始变得理性而果敢，心力方面也有了极大的变化。关于如何摆脱精神内耗、提升心力，请阅读第 7 章。

31 岁，第二次创业，实现财务自由和社交自由

在从 2020 年 3 月到 2023 年 3 月的整整 3 年时间里，我的成长和财富增长的速度可以称得上是几何级的。用一个朋友的话来说，就是每隔一段时间和我聊天，都会看到我身上的新变化，那感觉就像坐着火箭往前跑。

我变得更自信了，因为我发现自己在职场锻炼出来的运营技能、职场能力可以帮助很多正处于困局的公司和个人。我变得更从容和自洽，因为我把非常多的时间花在投资和对自我的探索上，钱给了我底气，而向内探索让我明白自己是一个什么样的人、我想成为什么样的人、我能给别人带来什么价值、我有什么样的使命。这些变化是我自己能清晰感知到的。

辞职以后，我的生活变得既自由又精彩纷呈，并且踏上了知识付费之路。离开职场后的第一次付费给了我喜欢的小马鱼

老师，正是她引领我走上了企业运营顾问之路，让我看到了自己多年前曾经憧憬的文艺、精致又自由的生活方式是可以实现的。

我在之后的一年里结识了非常多的自由职业者和创业者，看到了不同的人生样本。原来我想要的生活并非只有职场这一条路，这更坚定了我从公司辞职时的决定——不再回到职场。

与其说此前两年繁忙到完全没有个人时间的工作让我觉得丢失了自己而辞职，不如说我因为感受到了自己内心一直被压抑的、对自由的渴望而辞职。也许是厌倦了朝九晚十二的职场生活，也许是不想让我的决策再被别人左右，也许是副业和投资收入远超主业收入给了我足够的底气，我彻底地让自己自由了。

我花了一年时间去各地旅行。我去沙漠看星辰、去海边看大海、去古镇看老宅、去酒庄看酿酒，也有过飞 1600 公里就为了和朋友喝下午茶、直播结束立马收拾行李自驾 2000 公里去川西的时刻。但更多的快乐来源于不想理的人可以不理、不想收的学生可以不收、不想做的事情可以不做、不想见的人可以不见，社交自由的感觉真是太爽了！遵从内心的生活，是滋养自己最好的养料。

在自由职业的 3 年里，除了生活方式上的巨大改变，我也开始了第二次创业。这一次创业是被市场需求推动的。辞职之初，我在运营和理财教育两者之间更倾向于前者。但在后来的发展中，我在一些偶然的场合分享了自己对投资的看法和见解，吸引了一批种子用户，并且帮助他们在港股打新上赚到了第一桶金。而种子用户的口碑传播又给我带来了越来越多的用户，我向他们分享正确的投资方法、投资观念，满足他们在职场成长、副业挖掘、套利收入、个人 IP 打造等各方面的需求。

我看到上千人因为我的这套人生系统实现了收入翻 2 倍、3 倍、5 倍甚至 10 倍。我越来越清晰地意识到，单一方向的成长并不足以支撑普通人实现自己的人生目标，多条腿走路才是适合大部分人的模式。他们中的一些人因为改变了对待工作的态度，学会了业务汇报和向上管理而得以升职加薪；有些人因为有了工资以外的收入，让伴侣看到了自己在投资上的学习成果；有些人因为开启副业和打造个人影响力，赚到了人生的第一个 100 万元；还有些人因为有了副业和套利收入而勇敢地离开职场，追寻自己热爱的事业……

以上就是我对自己过去 13 年职业生涯和财富增长历程的回顾。本书后面的 6 章会详细讲述我在主业、副业、投资、套利、个人影响力和实现人生目标上所用的方法，希望我的故事能给你的财富增长之旅带来一些启发。

第 2 章

主业提升：

1 年顶 10 年的职场晋升心法

忘掉你的职业规划，目标盯紧你想成为的人

迈入职场是我们大多数人离开父母的保护，开始独立生活的起点。职场的发展是否顺利，也是决定我们能否与同龄人拉开差距的一个重要因素。很多人想升职加薪，想在职场中实现财富的原始积累，却始终不得其法，多年停留在基层岗位日复一日地做着相同的工作，根本原因在于没有以终为始的思维方式，没有想清楚自己到底想要成为什么样的人。

以终为始的思维方式

什么是以终为始？它是一种逆向的思维方式，站在终点看起点，以目标和未来的视角看待当下。我们也可以换个词表达，即"目标导向"或"结果导向"。

当我们从目标出发，倒推实现目标的路径，就能很清晰地看到自己距离目标还有多远，需要从哪几个方面着手去满足实现目标所需的能力、资源等条件。

以终为始的思维方式促使我们聚焦于目标，也让我们所有的行为都服务于目标，从而减少迷茫、纠结和其他情绪内耗。近两年，我给100多人做过职业发展方面的咨询，大部

分学员的问题都是"我该怎么选择在运营这个岗位上的发展方向""我不知道应该找什么样的工作""我应该选择大公司还是小公司"等。"不知道该如何做选择"只不过是表象问题，根源其实是自己的愿景不明确，不知道自己想要成为什么样的人。

2015 年初，我正在某家网络文学公司做主编。那一年智能手机已经普及，我意识到 PC 端的流量正在向手机端转移，手机端的 App 会是未来的趋势。

那一年，产品经理这个岗位供不应求。我看了很多产品经理相关的职责和一些优秀产品经理在行业垂直网站分享的干货后，给自己定下了一个小目标：我要成为一个"产品人"，有朝一日升为产品总监，成为一名最懂用户的"产品人"。

但是，产品经理需要懂一些技术语言，与技术团队进行紧密的沟通。技术语言对当时的我来说完全是天书。后来，我了解到产品经理是运营与技术之间沟通的桥梁，也有"运营人"成功转型做产品经理的，运营的知识相对更容易理解。

于是，我跨行去了苏宁做运营。我从零开始，一边快速学习内容运营、活动运营等方法，一边向产品经理取经。虽然最后我阴差阳错地在运营这条路上深耕了8年，成了运营方面的专家，但前3年学习到的产品知识在我成为运营总监后给了我很大的助力。

"以终为始"的"终"也分为长期的"终"和短期的"终"。长期的"终"就是要考虑人生的意义和使命感。短期的"终"就是要考虑在近5年、10年职场生涯中，你想成为什么样的人，你想达成什么样的状态。

想成为什么样的人

现在请你闭上眼睛，想一想自己的"偶像"是谁？

他身上有你憧憬的生活状态、有你敬佩的思维方式、有你想要拥有的能力、有你认可的价值观、有你想要达到的职场成就、有你欣赏的为人处世的方法……

如果你有这样的"偶像"，请拿出纸笔，把他（她）身上的你喜欢、羡慕、想要但自己没有的特质都写下来。任何方面都可以，描绘得越详细、越清晰，你的目标就越明确。

如果你没有这样的"偶像"，也请拿出纸笔，写出你在工作能力、职业成就、人际关系、行业选择、财富水平、40 岁以后的人生这 6 个方面希望达成的理想状态，以及有什么可量化的数据说明你达成了这个状态，如表 2-1 所示。针对每个方面找一个符合这些理想状态的人，观察他们发生了什么典型事件，在这些事件中他们是怎么做的。

表 2-1 职业目标梳理表

项目	理想状态	量化指标	对标"偶像"	对标原因	具体体现
工作能力					
职业成就					
人际关系					
行业选择					
财富水平					
40 岁以后的人生					

做完以上动作，我们就把"想成为的人"具像化了，它不再是我们心中的一个模糊的概念，而是一个清晰可见的人。有了目标，就有了内在的驱动力。只要把"想成为的人"的各方面特质像素级地拆解，从模仿开始，一步步实现，最终我们一定会成为那个"想成为的人"。

如何成为"想成为的人"

（1）拆解"想成为的人"

有了目标，我们就可以拆解目标，找到实现路径，制定行动计划，最终完成目标。

在工作能力方面，我很欣赏我的直接上级 A。A 在项目统筹、活动策划、数据分析和跨部门协调这 4 个方面都非常出色。

每个方面有什么可量化的指标呢？

在项目统筹上，她可以在 1 个月内写好目标营收 3 亿元的项目的方案，做好时间进度表、人员分工、任务清单和预算安排，并传达给项目组的每个人，在 6 个月内执行到位。

在活动策划上，她可以统筹策划整个"6·18"活动期间我们这条业务线的预售期、爆发期和返场的活动方案。这个方案需要考虑到 ×× 个方面的因素，能实现 ×× 的营收目标，提升百分之 ×× 的付费转化率。

……

每个方面都有她能做到的一些具体的量化指标。如果我也想成为她那样的人，就要复盘她的每一项能力对应做过的事情，然后拆解。例如，她拿到营收达到 3 亿元的目标后是怎样拆解成了 3 个阶段，每个阶段的核心动作是什么？她是从哪些方面考虑整个项目的，又是怎样解决项目过程中的难点的？如果换成我，我会怎么办？从她的做事方式中，我能学到什么样的思维方式和方法？

如果我现在做不到，我就要思考为了获得她那样的能力，我要分几个阶段去学习和实践，并为每个阶段设置小目标。

（2）靠近"想成为的人"

只有不断精进自己的专业能力，跳出自己的舒适区，努力靠近自己想成为的人，遵循等价交换的原则为别人提供价值，我们才有可能打破界限，向上迈出一步。

如果我们在生活中找不到可以与自己"想成为的人"对标的"偶像"，他离我们有点遥远，我们无法知道他的价值观、能力和行为方式背后的逻辑，那该怎么办？

我会关注有关他的一切。例如，他的自媒体账号、他的文章、他对外分享的案例，买他的书和课程，进他主理的付费社群，积极提供和展现自己的价值。我们关注的东西越多，得到的反馈和影响也会越多。

在连接对方的过程中，我们要遵循一些原则，如有礼貌和价值交换。因为没有谁有义务无条件帮助我们，我们应该做一个讨喜的人。

（3）模仿"想成为的人"

这里说的模仿是模仿思维方式、处理问题的角度和对不同事情的价值观，而不是照抄他做的事情。

他今天为了推进一项工作，请其他部门的同事喝奶茶。

你不能也请其他部门的同事喝奶茶，因为你看到的也许只是表象，一杯奶茶决定不了什么。但是，他在设计工作方案时融入了"利他"的元素，在完成自己部门KPI的同时，也帮助其他部门的同事提升了业绩，请其他部门的同事喝奶茶只是表达友好的一种方式。

（4）融会贯通，形成自己的思维逻辑

经过前面3个阶段后，我们把从"想成为的人"身上学到的思维方式融入自己的日常工作和生活中，形成自己的一套思维模式。

10年前，我从《富爸爸穷爸爸》的作者罗伯特·清崎身上学到，只有"管道建造者"才有护城河，才能有源源不断的被动收入抵御生活中未知的风险。这10年来，我也为自己搭建了20多条管道收入，把这个观念融入我的公司经营和副业中，并且教给我的学员们。

5年前，我从《每周工作4小时》这本书中学到，作者可以实现每周只工作4小时，满世界地体验不同的生活方式，还能现金流不断，是因为他搭建了一套自运转的系统，这个系统可以持续地为他工作。我也把它融入自己的小事业，一点点搭建起一套自运转的系统，让我可以在旅游半年的基础上依然能赚到几百万元。

很多人一提到职业规划，就会想到做MBTI等各种测试，希望让工具告诉自己我能成为什么样的人、适合什么类型的工作。工具始终只是辅助，最终我们还是要遵从自己的内心，以终为始，想成为什么样的人，就按照他的方式打磨自己。只要做到这一点，职场之路就不会难走。

小实操：✐

请写下你想成为的人，以及他身上具有的你喜欢的特质。

合伙人心态：真正的高手把工作当成热爱去做

你的职业生涯要长于你在任意一家公司的时间，只有在工作中"借假修真"、借事修人，修炼好自己的能力和心态，才能从容应对当下"内卷"的大环境。

合伙人心态和员工心态

与"合伙人心态"相对，有个词叫"员工心态"。这两个词的区别在于一个体现了主动，另一个体现了被动。合伙人心态体现的是把工作当作自己责任范围内的事情，主动思考，自我驱动；员工心态体现的是把工作当作拿工资的途径，做一天和尚就撞一天钟，被动接受，不主动、不积极。

我曾在工作中遇到过很多持有员工心态的人，他们非常计较自己的得失，舍不得吃一点亏。他们看起来每天上班 8 小时，

但上厕所花 1 小时，打游戏花 1 小时，逛购物网站花 1 小时……津津乐道于自己又白赚了半天工资，不引以为耻，反引以为傲。还有些人在工作中有问题就"甩锅"、有任务就推诿、有成绩就抢功、有活干就要好处，脑子完全不思考；不仅不思进取，还要小聪明，在微信朋友圈晒加班、发公司广告只对领导和同事可见。

这些自以为是的小聪明都是麻痹自己和毁了个人成长的毒药。他们把所有的聪明都放在偷懒和讨好领导上，唯独忘记了做自己。他们看不到损失的是不可逆的时间，以及年轻时提升自己专业能力的大好机会。时间对每个人都是公平的，你欺骗了它，就只能不进则退。如果能力不提升、责任也不承担，那么下一个被淘汰的可能就是你。

巴菲特的老师格雷厄姆曾经说过："股价短期是投票机，长期是称重机。"在股市中，所有短期的情绪博弈，长期来看一定会价值回归。职场也是如此，一个人在职场的内在价值，短期收益可能来自于你会不会表现、你的领导是不是认可你，但长期收益来自于你的个人能力、格局、视野和影响力。个人能力是你的"基本面"，视野代表你找到问题解决方案的能力，格局和影响力代表你未来的上升空间。

我们要做的是把每一家自己服务过的公司，都当作"借假修真"以完善自己能力的平台，用来扩展自己的视野、提升自己的能力。当我们的眼光不再局限于自己手头的工作，能以更宽广的视角看待自己的工作和行业，在公司之外构建自己的影响力时，我们就会更自由、更有选择权，也会看到更大的世界。

合伙人心态指的不是我们要把自己当作公司合伙人，把公司的生意当作自己的生意来做，因为这不符合人性。我说的合伙人心态是指你把自己当作公司经营，你就是自己这家公司唯一的合伙人，你需要借工作修建自己的"护城河"，构建自己的核心竞争力。如果这件事与你自己的长远利益挂钩，你看得见它能为你带来复利，是不是就更容易坚持呢？

合伙人心态的表现

有合伙人心态的人，往往在职场中会发展得更顺利。他们在工作中往往表现得更积极主动，不觉得工作只是一份养家糊口的差事，而是把公司当作锻炼和提升自己能力的平台，借此修筑自己的"护城河"。我认为有合伙人心态的人会有以下表现。

（1）深耕专业能力，主动思考优化工作

完成本职工作之余，你要多思考怎样提升自己和团队的工作效率，主动思考有哪些方法可以帮助团队完成业绩指标。

我经常对我的学员说，不要怕担责任，担责任也能倒逼你提升自己的管理能力。例如，我有一位学员原本在工作中抱着得过且过的员工心态，听我分享自己的职场经验后，他主动整理了一套工作手册，帮助部门同事提高工作效率。领导看到后很快就将他提升为主管，并且给他涨了 20% 的工资。

（2）开放合作，利他共赢

我们在工作中免不了需要与他人合作，发生问题时不互相推诿，给予对方充分的信任和尊重，需要对方协作时不能只索取、不付出，多想想什么样的方案能实现共赢。共赢才是长久合作的基石。

我在苏宁工作时负责图书业务线。业务要增长，往往需要集团其他部门的支持。但是，我也不能一直靠人情让别人给我资源，我会带着共赢的方案去找其他部门的负责人。你给我 3 天推荐位，我给你一批电子书会员权益。只有价值交换、利他共赢，才能维持长久的关系。

（3）保持好奇心，关心问题的本质

好奇心是驱动个人成长的基本动力之一。产生好奇心，说明你接触到了自己的未知领域，触碰到了认知边界。

好奇心的本质是自我驱动力，它是求知欲和源自热爱的内驱力的结合。探索事物的本质，不仅能让我们快速成长，有时还能帮助我们发现别人看不到的机会。我的好奇心就比较强，喜欢追究事物的底层逻辑。这也是我经常能发现别人看不到的赚钱机会和在业务中找到新增长点的根本原因。

（4）学习能力强，自我驱动，自我激励

要想实现自我驱动，首先要提升情绪管理能力，情绪稳定是职场人的基本素养；其次要合理设立目标；然后给自己设置里程碑事件，每完成一个里程碑事件就给自己一定的激励。

把当下的工作当成热爱的事

在讲这个话题之前，我想先讲一个小故事。

2010 年，我刚大学毕业，在一家公司做网文编辑。那时，穿越类和古言类小说很受欢迎。在此之前，我算是一个青春小说作者，在杂志上发表过十几篇小说，做过 2 年的杂志兼职编辑。那时我有点文人的清高，那个年代为杂志写文章的作者多少有点看不上写网文的作者。对于这份工作，我也是不太喜欢的。我不擅长也不喜欢古言类小说，但在当时古言小说占据了我们公司网站的销售榜前 10 名，我的业绩自然也是最差的。

入职半年后，主编找我谈话，说再没有业绩就要把我劝退了。一边是不断地被领导施压，另一边是同事在领导和作者面前诋毁我。换了其他人可能早就辞职了，但是我没有。我去研究各大网文网站女生频道的排名，发现那一年在红袖添香兴起的总裁文特别受欢迎，而且可以和我熟悉的青春小说的写法结合起来。

我花了 2 个月的时间，打磨了 5 位作者，指导他们写"霸道总裁文"。从内容的包装、剧情的走向、悬念的设置到文字的打磨，我亲自改稿，教作者怎么做粉丝运营，每天忙到晚上 12点。为了让作者的书出圈，在没有人重视手机端流量的时候，我请无线部门的同事吃饭，请求把我名下作者的书上架到移动阅读基地，我向他保证一定能火。

到了第 3 个月，我终于守得云开见月明。我名下作者的一本书的订阅量跃升至全网第 3 名，其他作者的书在网站获得非常好的反响和口碑，我的业绩也从部门最后一名变成了第一。

这件事给了我非常大的成就感，也滋养了我的信心。半年后，我辞职离开了公司。一年后，主编看清了诋毁我的那个同事的真面目。两年后，有一个主编的岗位空缺，前主编推荐了我，我得以升职，薪资也翻倍了。

我很庆幸初入职场时遇到了这件事情，让我得以"借假修真"、借事修人，修炼自己对内容的敏感度和对待工作的积极心态。初生牛犊有些心高气傲是正常的，对职场有不切实际的期望也是正常的。但是，年轻时面对暂时不喜欢的工作能够放下偏见，从中找到乐趣和正反馈，把当下的每一件事当作热爱的事去做，提升自己的思维认知和解决问题的能力，才是最重要的事情。

如果你终其一生都在寻找自己热爱的东西，你可能会失望一生。从每一份工作中找到兴趣点，在玩的过程中"升级打怪"，遇到问题就解决问题，升职加薪离你就不远了。

小实操：

请思考自己在工作中是什么心态，阅读完这一节后有什么行动计划。

■ 杠杆思维：以最小的成本撬动最大的成果

回过头来看，我感谢自己从事过的每一份工作和学习到的每一项技能。这些工作和技能没有一个是学了无用的，每一个都很有挑战性，它们促使我形成了不同的思维方式。这些思维方式帮助我养成了快速学习的能力、洞察本质的能力、从复杂问题中找到最优解的能力，以及用最小成本撬动最大成果的能力。

什么是杠杆思维

科学家阿基米德曾经说过一句名言："给我一个支点，我可以撬动整个地球。"杠杆思维的关键是支点，它告诉我们不要拿

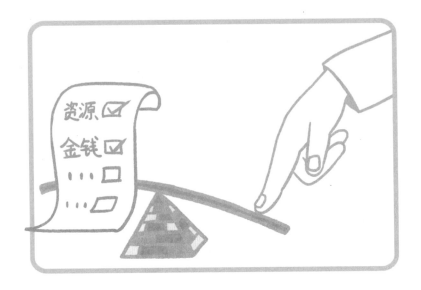

起活就干，而是要先找到那个支点，以四两拨千斤之力撬动更好、更大的结果。

"杠杆"这个词在投资领域比较常见。投资新手听得最多的可能就是"用闲钱投资，不要上杠杆"，这里的"上杠杆"代表"借钱"投资。本来你只有1万元，涨10%只能赚1000元。如果你上了10倍杠杆，涨10%就能赚1万元，但相应的风险也会放大数倍，有爆仓、亏完本金甚至负债的可能性。

当然，杠杆也不完全意味着高风险和不确定性，投资领域的杠杆也有很多高收益和确定性的机会。关于这个方面的内容，请阅读第5章。

投资领域的杠杆可以简单理解为"借钱"，杠杆思维用在别处就是借力、借势。拥有这种思维的人不会只盯着自己眼前的一亩三分地，他们一定会用双赢、多赢的方式找到那个支点，实现共赢。例如，2.2 节中的"你给我 3 天推荐位，我给你一批电子书会员权益"案例就用到了杠杆思维。

一个人要想成功，懂得借力比努力重要得多。现在的自媒体从业者借力小红书、抖音、视频号等平台放大自己的影响力，也是对杠杆思维的运用。

能够将杠杆思维落地的手段有很多。例如，品牌借用流量明星的名气推广自家产品，品牌借的是明星的粉丝流量；线上课程在公众号、千聊等平台投放广告，运用的是杠杆思维；创业公司在预算不够时借助"关键人"营销，运用的也是杠杆思维。

在资源相同的情况下，杠杆思维能帮我们取得更好的结果。

杠杆思维的本质就是借力，但这"四两"拨的到底是"千斤"还是"万斤"，就要看你的洞察力和资源整合力了。

杠杆思维的核心是共赢

杠杆思维的核心是共赢，那么，如何实现共赢呢？这里通过一个我自己的案例来说明。

2015 年 9 月初，我刚入职苏宁 2 个月，还在试用期。那时，我只是一位普通的运营人员，还是零基础跨行过来的，连 PV、UV 是什么都不知道。

当时我所在的部门做了一款阅读类 App，这个 App 不挣钱，部门的 KPI 是为苏宁金融 App 增加开通银行卡支付功能的用户。

开发一个金融类付费用户的成本在 2015 年时是三四百元，而用阅读类 App 达成这个目标，成本低于 100 元（主要是电子书的版权成本）。吸引用户开通银行卡支付功能的方式，就是给予用户支付 1 分钱开通会员的权益，成为会员之后就可以看这个 App 上所有的电子书。从投入产出比来看，这是性价比最优的方式。

我们部门的 KPI 是每月增加 1500 个开通"1 分钱"会员的用户，在没有推广预算的前提下，这个指标还是比较难完成的。而且，对用户来说，开通银行卡支付功能这个动作的操作成本和信任成本很高。在只有自然流量的情况下，注册用户转化为开通银行卡支付功能用户的转化率只有 40%。部门总监很发愁，她认为没有几十万元的推广预算，这个任务很难完成。

于是，我去微博上找到了 TFBOYS 成员王源的粉丝后援会的一位站长，和她成了朋友。在聊天的过程中，我得知 11 月 8 日是王源的生日，他们正发愁怎么给王源送一个特别的生日礼物。

我想到了一个共赢的方案，即以"源公益，一分助学"为主题开展活动，给王源的粉丝们送《爵迹》（王源参演的电影）的电子书，引导粉丝下载 App，参与"1 分钱免费读"活动，开通银行卡支付功能，成为付费用户。每 10 个用户兑换 1 本书，由我们出钱采购图书，所有活动所得图书都以王源和苏宁的名义捐赠给后援会指定的希望小学。

这位站长给我引荐了他们的会长，我们对这个方案达成了共识。

苏宁的背书和公益的形象是符合他们需求的。这次活动只花了 2240 元的成本，我们采购了 600 多本童书，另外联系几家出版社捐赠了 400 多本，一共 1000 多本童书。

最终，这次活动让我们收获了 2 亿次的微博话题阅读量、近 10 万次的转发和 1 万多个付费用户。

我们部门的总监获得了副总裁嘉奖，这个活动被作为典型案例在事业部大会上宣讲，而我在转正半年后晋升为运营经理。

这是一个非常好的、用最小成本（2240 元）撬动最大成果（2 亿次微博话题量、副总裁嘉奖、晋升）的案例。后来，我用类似的方式做了其他几位演艺人士的联名公益活动。

在我的职业生涯和生活中还有很多这样的案例，我把"利他共赢"放在与他人交往、合作的第一位，做方案时尽可能找到满足双方共同需求的点，往往都能花比较小的成本获得比较大的成果。

其实，我们的人生何尝不是一个杠杆游戏。我们在什么都没有时，是不是可以通过一个个的杠杆抬高自己的竞争力和影响力呢？例如，用自己的专业和靠谱换来贵人的提携，进入大公司获得平台光环和身份背书，通过考硕、考博提高自己的身价，跟着有能力的领导做成一些项目以获得跳槽涨薪的资本等。

小实操：

请尝试运用杠杆思维解决自己工作中的一个问题。

击球手思维：耐心等待合适的机会，全力一击

杠杆思维应用于解决实际的职场问题，往往能起到四两拨千斤的作用。但是，选择使用杠杆的时机也很重要，并非每件事都需要全力一击。人的注意力和精力是有限的，我们不可能始终保持十二分的精神，在每件事情上都投入百分百的努力。就像橡皮筋一样一直绷得很紧，总有一天会崩断，在不重要的事情上全力出击，只会过度消耗自己。

击球手思维的关键因素

美国波士顿红袜队的击球手泰德·威廉斯被称为"史上最佳击球手"，他曾在美国《体育新闻》（*The Sporting News*）杂志评选的历史上百位最佳运动员中位列第八。他写过一本书，名叫《击打的科学》（*The Science of Hitting*）。在这本书中，他揭示了自己成功（获得高击打率）的秘诀：不是每个球都打，而是只打"甜蜜区"（击中概率较高的击球区）的球。他将击打位分为 77 个，只有球落入最佳击打位时，他才会挥棒，否则绝不动手。

"要成为一个优秀的击球手，你必须等待一个好球。如果我总去击打"甜蜜区"以外的球，那我根本不可能入选棒球名人堂。"他解释了这种思维的本质：盲目出击不如耐心等待，当球进入最佳区域时挥棒一击。

巴菲特总会跟人介绍，泰德·威廉斯是对他投资理念影响极大的一个人。他从泰勒·威廉斯身上学到了什么呢？在 2017 年的纪录片《成为沃伦·巴菲特》中，巴菲特说：

"我在一个永不停止的棒球场上，在这里你能选择最好的生意。我能看见 1000 多家公司，但是我没有必要每个都看，甚至看 50 个都没必要，我可以主动选择自己想要打的球。

"投资这件事的秘诀，就是坐在那儿看着一次又一次的球飞来，等待那个最佳的球出现在你的击球区。（很多时候）人们会喊——打啊！别理他们。"

从泰勒·威廉斯和巴菲特的身上，我们能看到击球手思维的关键是耐心，耐心地守在自己的能力圈内，提前做好准备，当机会出现时全力一击。

我于 2018 年 6 月从苏宁辞职后，有 5 个月的职场空窗期。辞职以后，我希望找到一个职位更高且每月工资在 30000 元以上的工作（辞职前每月工资 13000 元）。我的目标是跳槽去阿里巴巴、京东、网易这类互联网大公司，或者新兴行业的独角兽公司，职级上能成为业务专家或进入管理序列。刚开始找工作的两个月并不如意，要么我不喜欢公司的岗位，要么对方只能给每月 15000 元的工资。连续失败五六次以后，家人都劝我务实一点，因为能找到工作不容易。

我没有放弃自己的想法，但调整了策略和方法。我做了以下动作。

（1）重新优化2个版本的简历，分别侧重于业务能力和管理能力的呈现。

（2）先尝试面试阿里巴巴、网易、京东的非目标岗位，了解面试流程、考察重点，记录问题并做出分析。

（3）在面试过程中我发现自己提炼方法论的能力不足，于是阅读了3本运营相关的书，提炼适用于自己过往项目的方法论，用STAR法则讲述项目经验。

（4）寻求帮助，找在阿里巴巴、网易、京东就职的朋友内推，联系几家猎头公司帮我留意目标岗位。

（5）在有目标岗位的求职网站更新自己的简历，并设定自己的岗位偏好。

（6）提前研究面试岗位所需能力，面试时重点展现这些能力。

做完以上动作后，我于辞职后的第5个月等到了那个符合自己80%预期的工作：行业内排名前5的公司，职位升一级，管理20人的团队，每月工资30000元。

回顾这段经历可以发现，让我成功找到自己喜欢的工作的原因除了耐心等待，还有另一个更重要的因素——专注。

专注目标，全力一击

巴菲特和比尔·盖茨很早就成了好朋友。比尔·盖茨的父亲邀请巴菲特共进晚餐时，让他俩玩了一个游戏——在手上写

阿七的
自由人生公式
主业+副业+套利+投资+个人IP

捞货
必涨

UP!
UP!
UP!

羊毛
薅

zhuan qian wu mi mi
赚钱无秘密 ¥
全靠执行力

稳稳的
幸福

升职加薪

沉迷工作
无法自拔

执行力 UP

出货不飞

稳 稳
的
幸 福

SELF-DISCIPLINED LIFE
自律生活

格局
打 开
Open the patten

开工
大吉
kaigong daji

OK
努力
赚钱

变富RICH

fighting!
我爱
工作 !!

radiant
光芒
四射

一个对自己影响最大的词。两个人的答案竟然完全一致：

Focus（专注）

巴菲特在纪录片中说："股票的确有一种倾向，让人们太快太频繁地操作，太易流动。很多年来，人们发明了各种过滤器用于筛选股票。而我知道自己的优势和圈子，我就待在这个圈子里，完全不管圈子以外的事。定义你的游戏是什么，有什么优势，非常重要。"

所以，巴菲特即使认识比尔·盖茨那么多年，也从未投资过微软公司。因为投资互联网公司是他能力圈以外的事情。

高手都在持续地做"少而正确的事情"，聚焦于自己的能力圈，紧盯自己的目标。下面讲一个我自己的小故事。

2015 年作为运营新手跨行跳槽时，我很羡慕职场剧中那些光鲜亮丽的女总监，觉得她们英姿飒爽，做事雷厉风行，是我想成为的样子。

那是我人生中第一段飞速成长的时期，我心无旁骛地奔着目标前进。作为新手，我虽然什么都不会，但我肯学。周末别人都双休时，我一个人去公司，一边看数据分析入门书，一边研究怎样从数据中找到问题，再针对问题思考怎样迭代运营动作可以提升数据，从对不同运营方式的一次次实践中总结规律和经验。

后来，我用一年半的时间连升两级，成了运营总监。除了专注于工作能力的提升，有两个关键的工作表现决定了我在两次晋升机会中胜出：第一次是 2.3 节讲到的王源那个案例帮助我所在的部门完成了 KPI，部门领导获得副总裁嘉奖；第二次是我的直接上级离职，总监因为找不到人接手而焦头烂额时，我主动承担了更多的职责和工作。

日常的专业、认真、负责只是加分项，决定你能否在职场走得更远的往往是那些看起来与你无关、既难又没人碰的"击球机会"。其中隐藏着一个关键点：领导最喜欢的永远是帮他解决问题的人。

如果我们想在职场中走得远，就要记住以下 3 点。

（1）专注于目标，等待合适的时机全力一击。

（2）时机来临前，做好充分的迎接准备。

（3）帮助领导解决多大的问题决定了你能走多远。

小实操：

请思考你的职场目标是什么。

双赢思维：把所有客户和同事变成你的晋升助力

如果 10 年前有人问我怎样实现升职加薪，我肯定会毫不犹豫地脱口而出："业务能力好。"那时候我太年轻，看问题的角度太单一了。

很多时候，业务骨干并不能得到晋升机会，不是因为他们不能帮助领导解决问题，而是因为他们的情商不高。大部分专家型人才会专注于深耕业务，而忽视为人处世。他们在外不能与合作方达成友好的关系，在内不能对下赋能、带领下属成长，中间还无法在跨部门协作中有效地沟通。处理这些关系都需要高情商，所有高情商都是双赢思维的必然结果。

双赢：利他是最好的利己

从字面上理解，双赢是指合作的双方都可以获得一定的收益。

其实，双赢思维源于博弈论，它的对立面是零和博弈。零和博弈是非胜即败的博弈，双方收益总和永远等于零，不存在合作的可能性。从合作的角度看，双赢是双方利益最大化的过程，本质上是在短期利益和长期利益之间取平衡。

例如，我要完成一个项目，需要 A 部门的协助，但做好这个项目对 A 部门毫无益处，在项目推进的过程中 A 部门就没有动力积极配合。

了解到 A 部门本月的 KPI 是新增 1 万个用户后，我提供了一些奖品帮助 A 部门提升新用户转化率。虽然我所在的部门损失了一点点短期利益，但项目得以顺利推动，双方建立了友好的关系，就可以合作共赢。

我们与别人合作不是我赢你输或我输你赢的关系，找到中间的利益平衡点，对双方都有益处，也就有了双赢的基础。

要想实现双赢，我们就要做好以下 4 个方面。

（1）了解对方的需求

例如，父母不在家，你和妹妹都很饿，却只有一个肉包，你们两人都想吃，如果你吃了，妹妹就要挨饿。但是，你想起妹妹不爱吃肉，你可以把包肉馅的面皮给她，而不是粗暴地每人分一半。这样你们不仅填饱了肚子，还没有强制对方接受不喜欢的东西，这就是双赢。

（2）提供更多的选择

我们在寻求合作的过程中经常会听到这样的话："我的价格已经降到最低，不能让步了。"这句话的潜台词是"我的底线在这里，你能接受就接受，不能接受就拉倒"。

如果换一种说法，虽然价格不能再降了，但可以提供赠品，是不是就有了谈下去的可能呢？在多个结果中，要找到对各方都有利的选项。我也会将这种思维用在与领导的沟通上。在与领导沟通运营活动方案时，如果两次被指出活动标题不行，我再提交方案就会准备 10 个角度不同的标题供领导选择，领导一般都能挑出一个满意的。

（3）不局限于现有的资源，努力做增量

分配有限的资源，很可能无法找到让双方都满意的平衡点，这时我们就可以尝试找增量。

例如，管理者都会遇到员工要求加工资，但员工的情况和部门预算都不符合加工资的条件这种事。如果不加，员工有可能心生怨念而离职，怎么办？增量就是他努力把某个项目做好，然后可以单独申请项目奖金。这样安排既满足了员工的诉求，又给公司创造了营收。

（4）适当地让步

以退为进，主动承受"战略性亏损"，通过化解危局获得长期的发展。例如，一个新品牌刚进入成熟的市场时往往会采取低价或补贴策略让利给用户，在获得一定的市场份额以后将产品升级，享受市场回报。进入市场初期的亏损就是"战略性亏损"。

我们在工作中也是如此，舍小利博得长期合作，利他往往是最好的利己。

建立情感账户是双赢的前提

无论是在公司工作还是与人交易，其本质都是价值交换。

价值交换的前提是信任，信任关系的背后需要情感账户的经营。

情感账户就像我们平常开通的银行账户，平时乐于往里面存钱，我们在必要时才有钱可取。如果我们在平时不注意与别人建立情感关系，到自己有事情需要帮助时就会发现没有人愿意伸出援手。"得道多助，失道寡助"就是这个道理。

我有一个很好的习惯——乐于分享。这个习惯帮助我建立了很多的友好关系，也帮助我积攒了"贵人运"。大学毕业后的十几年中，有很多机会都源于我爱分享积攒的好人缘。

2013 年我刚升任主编，部门有一位实习生，月收入只有2000 元，生活比较困难。我经常给她分享怎样省钱，怎样在工作之余赚一些钱，怎样找到既便宜又合适的房子，等等。2015年，我从公司离职时向领导推荐她接任我的岗位。开始学习投资理财后，我也持续地给她分享我在投资上的心得。2018 年，我跳槽去上海的新公司就任总监，需要更多得力的下属，她毅然离开南京跟我去了上海。

除了她，还有 6 位南京的前同事、前下属因为我的邀约而奔赴上海加入我入职的新公司。我有时候会想，我何德何能让人追随左右？想了很久，我得到了答案：我不计回报地存储感情，对她们好，在我需要帮助时，这个情感账户已经满得快溢出来了。

那么，我们应该怎样投资情感账户呢？

（1）靠谱、实在是基础。

（2）理解他人，信守承诺。

（3）主动帮助他人，犯了错误要勇敢地承认。

（4）有边界感，明确自己的边界，也不轻易触碰他人的边界。

从工作层面来讲，专业、诚恳、靠谱、踏实是建立情感账户的前提，否则即使你再有价值，但人品不行，别人也不愿意靠近你。

2019 年，领导想对我委以重任，在正式任命下达之前，找了我的下属、其他合作部门的负责人以及与我的业务有交集的技术部同事们沟通，了解我在大家心中的印象和口碑。我原本是不知道这件事的。在 2020 年辞职前的一个月，我在和其他部门总监聊天的过程中才知道大家都一致给了我好评，甚至有下属说我是她见过的最好的上司。

一次加班到晚上 10 点后，技术总监对我说："你走了好可惜，你是我见过的唯一一个可以在例会上不被领导问倒的人。"

产品总监也告诉我，领导私下问过她，某次发生重大事件，领导们都不在公司时，是谁站出来承担责任并安排了应对方案。产品总监说："是阿七。"

我这才知道，都是因为自己在平时的工作中足够靠谱，经常站在双赢或为他人着想的角度寻找解决方案，到了关键时刻大家才会把我往上推一把。

关于在工作中建立情感账户，我可以分享以下几个经验。

（1）作为员工，与公司建立情感账户

最简单、有效的方式就是尽职尽责地做好工作，不迟到早退，不违规违纪，对领导交代的事情做到件件有着落、事事有交待，主动承担责任。

（2）作为同事，与其他人建立情感账户

积极协作，不推卸责任，靠谱、专业，不在背后说人坏话。

（3）作为公司，与客户建立情感账户

产品质量过关，为客户提供超预期的服务或体验。

当然，在节假日或生日时送上祝福和关心，送点小礼物，也是建立情感账户的有效方式。例如，与客户、合作伙伴、朋友见面时，我经常会根据对方的喜好挑选合适的小礼物，既不让人觉得有还人情的负担，又能增进彼此的感情。

双赢思维可以用在生活中的方方面面，有时看似亏了，但背后其实是格局和视野的提升。适当让利，换来的是长久的友好关系和与人为善的胸襟。

把双赢当作一种思维习惯，你会发现自己的人格魅力得到了提升，资源和机会也会不断向你靠近。

小实操： 🖊

请试着与你的领导、同事建立情感账户。

第 3 章

副业变现:

打造多渠道收入的起点

副业逻辑：两个方法找到适合你的副业方式

近几年，做副业成了一种潮流，与之相伴兴起的有两个热词："斜杠青年"和"第二曲线"。

"斜杠青年"一词来源于英文"Slash"，出自《纽约时报》专栏作家麦瑞克·阿尔伯（Marci Alboher）的《双重职业》(*One Person/multiple careers: A New Model for Work Life Success*) 一书，指的是选择拥有多重职业和身份的人。例如，我们熟知的演员黄磊可以在教师、演员、制片人、导演、编剧、歌手、作家等多种身份之间自由切换，他就是典型的斜杠青年。

"第二曲线"由英国管理大师查尔斯·汉迪提出，他写过一本同名书《第二曲线：跨越"S 型曲线"的二次增长》。在阐述"第二曲线"理论时，他写道："当你知道你该走向何处时，你往往已经没有机会走了。"每个人都会有第一曲线，它通常是我们的工作。通过在职场中不断地"打怪升级"，第一曲线可能会触及"天花板"。在第一曲线走到顶点、开始下降之前，给自己找一条新的增长曲线——第二曲线（见图 3-1）就成了势在必行的事。

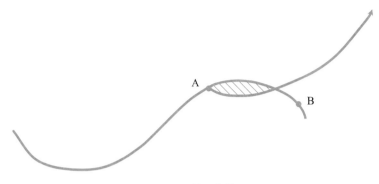

图 3-1 第二曲线

近两年，网络上很少有人提及"斜杠青年"这个词，取而代之的是"第二曲线"的风靡。例如，我在运营总监岗位做到第三年以后，自我感觉再往上升到副总裁的可能性很低了，于是我把自己的爱好发展成了第二曲线，搭建社群陪伴想探索副业的女孩子们一起成长。

副业是第二个被我加入自由人生公式的元素，可见它在我心目中的重要性。如果说自由人生是一棵大树，副业就是从这棵树的树干分出去的最粗的一根向上延伸的树枝，它汲取阳光雨露，努力地开花长叶。

14 岁那年，我就开始了探索副业之路。当时，我完全是因为热爱写作，第一次给《青年文摘》杂志投稿，意外获得了 60 元的稿费。它激励我持续地对外分享，写作少男少女们的故事。写作给我带来了一笔笔主业之外的收入，从最早的 20 元 / 千字到后来的 300 元 / 千字。直到现在，我的文字已经不能单纯地按千字计算收入了。例如，一门课程 5 万字，3 年产生了 50 万元的收入，平均 1 万元 / 千字，此外还给我带来了影响力和帮助他人的成就感。

3 年前,我之所以能勇敢地从公司"裸辞",完全是因为副业收入超过了主业收入,它给了我选择自己想要的人生的底气。

副业探索的方向

20 年间,我做过大大小小 20 多种副业,小到做海淘代购卖护肤品、给大学毕业生做职业规划辅导、做保险经纪人,大到给上市公司做运营顾问、兼职创业。通过大量的实践和学习,我总结了两个可以探索的副业方向。

第一个方向是从我们的主业延伸出去。例如,我在互联网公司做运营,就可以在一些运营经验分享平台(如鸟哥笔记、人人都是产品经理等)分享自己的方法论和项目案例,一方面可以在行业内树立专业的形象,另一方面可以吸引有需求的公司找我做咨询,为一些需要解决业务增长问题的中小企业提供运营顾问服务。

假设我的主业是在公司做财务,我就可以在小红书分享公司财务方面的经验,吸引养不起专职财务人员的小企业找我做代账服务。假设我的主业是站柜台的品牌美容顾问,我所在的商场经常打折,我就可以帮助客户代购各品牌的护肤品,也可以在社交平台分享护肤知识,做美妆博主赚品牌方的广告费。

第二个方向是从兴趣爱好出发。我们对兴趣爱好的热情会让我们在这个领域投入时间和精力。凡事只要花时间，总会比旁人更容易产生成果。例如，我的爱好是投资，我愿意在投资上花费大量的时间和金钱学习。通过实践总结出适合自己的投资框架，我就可以分享更多自己学到的知识和经验，搭建社群吸引有同样兴趣的人一起学习和成长。

我的学员喵酱的兴趣爱好是画插画，她在画插画这件事上花了几千元，报培训班学习插画和商业包装。她也愿意投入时间，下班后回家看课程和画作业，经常熬到深夜 2 点。慢慢地，开始有客户找她画商业插画、设计产品的包装。到现在，她的报价已经涨到每个产品包装设计 1 万元，还要排队才行。

确定适合自己的副业方向

在不同的人生阶段，副业也会随着我们的成长而变化。而且，我有很多兴趣爱好，但精力有限，同一时间不可能把所有的兴趣爱好都发展成副业。有什么办法可以确定适合自己的副业方向呢？我用过以下两种方法。

（1）寻找"甜蜜点"法

为我们擅长的事、热爱的事、赚钱的事、对别人有价值的事各画一个圆，四者交汇处就是我们可以轻松、愉快地赚钱的"甜蜜点"[①]，如图 3-2 所示。

---

① 甜蜜点（sweet pot）：高尔夫运动中的专业术语，是指每支球杆上都有一个最佳击球点，可以让击中的球飞出最远的距离。

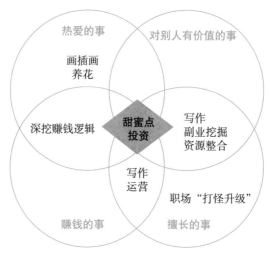

图 3-2　我的"甜蜜点"——投资

　　擅长的事：我们可以把它理解为天赋，这是我们与生俱来的东西。例如，杰出的喜剧演员在学生时代就可以让周围的人哈哈大笑；我在工作时可以看一遍就记住核心的运营数据。

　　热爱的事：我们对它抱有热情，即使没有人理解也能坚持做下去。如果我们对做一件事情一点都不喜欢，那么肯定无法在这个领域脱颖而出。

　　赚钱的事：我们做副业是为了在工资以外增加其他收入，如果做一件事情不赚钱，就不能称之为副业，只能称之为爱好。爱好可以不赚钱，但副业不能。

　　对别人有价值的事：不仅能让我们受益，还能给别人带去价值。只有满足其他人的一部分需求，才有可能长久地进行下去。

　　如果我们做的事情能同时满足这四个条件，那就是我们的

"甜蜜点"。我们不仅可以赚到工资以外的收入，还能开心地边玩边赚。

（2）优势表单法

这个方法是我从一位非常厉害的老师——Angie 那里学到的。当我们的兴趣爱好有很多时，就可以用优势表单法确定哪个是最优的方向。

先找到 3 ~ 5 个兴趣，我的兴趣是投资心得分享、副业挖掘、旅行、运营和个人品牌打造。我从以下 5 个维度衡量自己在这些兴趣上的投入。

①时间：我愿意在每个兴趣上投入的时间。

②金钱：我愿意为这个兴趣付出多少金钱，如购买相关产品、报课程等。

③状态：专注于这件事的心理状态，即"心流"。

④交流：我是否愿意经常和别人提起这个话题。

⑤分享：我最喜欢对外分享的点。

以月为周期，算出在每个兴趣上时间、金钱、状态、交流、分享 5 个维度的投入，每个维度的总分是 100 分，算出总分后从高到低排序，把自己 80% 的精力投入优势最大的项目，如表 3-1 所示。

表 3-1 优势表单

	时间	金钱	状态	交流	分享	合计	排序
投资心得分享	50	10	35	30	45	170	1
副业挖掘	10	10	15	15	20	70	4
旅行	10	20	10	5	10	55	5

（续表）

	时间	金钱	状态	交流	分享	合计	排序
运营	10	25	25	20	10	90	3
个人品牌打造	20	35	15	30	15	115	2
合计	100	100	100	100	100	—	—

通过这种方法，可以真实地看出每个兴趣在时间、金钱、状态、交流和分享上的情况，最后会得到一个分数，从而得知哪些兴趣值得持续投入。把 80% 的时间投入排名第一的项目，把剩余 20% 的时间留给其他项目，探索人生的边界，也许能从中延展出更多的可能性。

小实操： ✎

请用寻找"甜蜜点"法和优势表单法找出适合你的副业方向。

副业类型：兼职、电商及自媒体变现

前文介绍了找到自己副业方向的 2 种方法，每个副业方向赚钱的具体方式也有很多种。本节将介绍不同的副业类型，以及它们通常通过什么方式完成变现。

兼职型副业

兼职型副业和主业一样是通过出卖时间换取收入，它可以细分为以下 3 种类型。

（1）主业延伸型

主业延伸型副业是指把我们在主业中掌握的能力用于帮助某些人群解决问题。例如，我在留学生求职机构兼职做导师，给国外学成归来的毕业生推荐合适的公司和岗位，帮助他们修改简历，做面试辅导，其实就是我把面试员工的经验、自己求职的方法包装成了产品，以换取收入。

如果你暂时找不到工作之外的副业，也可以利用公司的平台，把工作当成自己的事业来做。在担任互联网公司运营总监的 3 年多时间内，我做过产品经理、数据分析、广告投放、设计主管、IP 商务、影视剧内容策划（有一年调去了公司影业中心）等多项工作，一人身兼数职。这也是我后来的副业探索之路比较顺利的原因。

（2）技能爱好型

我们可以把自己的爱好或一技之长发展成副业。例如，我的学员娟子对营养学非常感兴趣，阅读了很多与营养学、医学相关的书，考取了营养师资格，做了全职宝妈后用营养学知识养育两个孩子。她把这项技能包装成咨询产品，帮助身边的宝妈们解决孩子免疫力下降、过敏等问题，同时辅导更多想要从事健康事业的宝妈们迈出第一步。

总之，只要你的爱好或技能对别人有帮助，就可以成为副业，如画画、养花、装修、化妆、搜集资料、心理辅导等。甚至擅长搜索和比价，能够买到同等质量下最便宜的商品，也可以成为你的副业——做"买手"。

（3）资源整合型

资源整合型副业是指我们找到资源的需求方和供给方，并撮合他们达成合作，从中赚取佣金。我辞职后做的第一个项目就是这种类型。需求方想找有广告资质的平台方合作，要求有200万以上日活的 App 产品，我找了朋友所在的公司并促成了他们之间的合作。合作结算后，我拿到了 6 位数的佣金。

促成公司之间的合作对自身的专业度、人际资源、沟通能力都有非常高的要求。当然，也有门槛更低的资源整合型副业——给身边的人推荐自己认可的老师。我每年要在知识付费上花费二三十万元。遇上同频的老师，我会把老师的课程或服务介绍给自己身边有需求的朋友。作为感谢，老师会发一些佣金。朋友买到了好的课程、获得成长，老师因此多了一个学员。我分享了好的东西给朋友，加深友谊的同时获得了一些金钱的回馈。这对我们来说是三赢的事情。

电商型副业

电商型副业门槛低、"天花板"高，对执行力的要求比较高，可以细分为以下几种类型。

（1）电商返利型

电商返利型副业是指通过推广商品赚取收益，返利收益按成交订单金额计算，不同商品的佣金比例不一致。以淘宝为例，我们通过淘宝联盟获得商品推广代码，转发到朋友圈、社群、公众号或其他社区，消费者通过我们的推广链接成功下单后，我们就可以得到卖家支付的佣金。赚取淘宝平台佣金的人被称为淘宝客。成熟的淘宝客已经公司化运营了，我身边有做得比较好的人单月营收可以做到 500 万元以上。

如今的淘宝客早已不再局限于淘宝一个平台，在京东、拼多多、美团、饿了么、唯品会甚至一些境外电商平台上，都可以用这种推广方式赚取收益。淘宝客呈现平台多样化、形式多样化的趋势。例如，宝妈社群的团购接龙、社区团购、知乎的好物分享、视频号的视频带货、抖音的直播带货等都属于电商返利型副业。

很多人可能觉得商品返利一次只有几角、几元，但销量上规模以后返利是很可观的。小 C 毕业后一直在公司做行政工作。2015 年，她在朋友圈分享便宜好用的抹布、拖把、纸巾等日用品。经过 3 年的积累，2018 年她做到了月收入 10 万元以上，于是辞掉工作全职做淘宝客，现在已经有了自己的公司。

（2）无货源卖货型

这类副业赚的是信息差，以及 A 市场和 B 市场之间的价差。其门槛也很低，不需要押金和库存，非常适合普通上班族。

同样一双鞋子在拼多多售价为 20 元，淘宝最低售价为 80元，闲鱼售价为 50 元。消费者在淘宝和闲鱼比价后发现闲鱼更便宜，选择在闲鱼下单。卖家可以在买家付款后去拼多多花 20元买下鞋子寄给消费者，一单赚 30 元。

　　小 A 在闲鱼经营一家二手书店铺。某教材已经绝版了。在小 A 的店铺中，该教材的二手书售价为 298 元。虽然比原价贵了 120 元，但由于学习的需要，同学 B 还是下单购买了。B 付款成功后，小 A 再以 200 元的价格从孔夫子网站买下寄给同学 B，一单赚了 98 元。

　　以上两个案例都是真实存在的。我还在社群看到过一位专攻二手书无货源玩法的博主写的帖子，分享自己是如何偶然进入二手书行业，在闲鱼卖二手书第一年赚了 60 万元的故事。我们常听到的"一件代发""朋友圈微商"的背后大多是这种赚钱逻辑。

　　除了闲鱼，还可以用无人直播、小红书视频带货的形式售卖商品。这种副业的重点是选品和铺量，爆款商品出单多，曝光率高，触达消费者的概率也会更高。

（3）虚拟商品型

　　虚拟商品型副业的交易标的是虚拟商品，包括超市卡券、信用卡会员权益、视频平台和电商平台的 VIP 会员、电信运营商的话费、游戏点卡、游戏皮肤、高端酒店会员权益、餐厅排队取号和折扣券等。

　　这类副业的赚钱逻辑也是低买高卖。例如，浦发银行信用卡有新石器烤肉餐厅 5 折券，如果我们持有浦发银行信用卡，就可以购买 5 折券，然后 6 折卖给其他消费者，从中赚取 1 折的利润。我自己去餐厅吃饭时也经常在闲鱼找这类折扣券，我省了钱，对方赚了收入，皆大欢喜。

　　这类副业的重点是找到低价渠道，难点是比较琐碎，有一些沟通成本。

自媒体型副业

自媒体型副业已经是一种很常见的副业了。微信公众号、今日头条、抖音、小红书、视频号、西瓜视频、哔哩哔哩等内容平台的兴起为普通的内容创作者提供了非常大的红利。

自媒体型副业的变现方式不仅多样、自由度高，还门槛低，主要有以下几个方向。

（1）做各种类型的博主

美食、宠物、美妆、穿搭、情感、探店、搞笑、唱歌、声音、家居、园艺……只要你想得到的，都能在自媒体平台找到你的受众人群。

博主的常见变现方式有以下 4 种。

一是广告变现。粉丝上涨后，博主可以接商家广告，俗称"商单"。我的小红书账号在达到 1000 粉丝时，接到了汇丰银行 500 元的商单。这条广告图文在发布后的 7 个月一直持续地涨粉。由此可见，广告变现的门槛低，内容的长尾效应强。

二是电商带货。有了粉丝后，博主就可以挑选符合粉丝属性的商品做直播带货，赚取商家的佣金收入和直播打赏收入。

三是平台流量奖励。部分平台有视频和直播流量奖励，达到一定的条件，博主就可以按照一定的比例兑换现金奖励。

四是知识付费变现。例如，我是日语老师，就可以教日语；我是程序员，就可以教编程；也可以教想要做自媒体的人如何在平台做账号、如何靠自媒体赚取副业收入等。

（2）做商家代运营

有运营经验、做出过成功案例的人可以为商家提供代运营服务。但是，代运营也有一些不太如意的地方：一方面受限于商家的要求；另一方面费用相对较低，也是用时间换钱的副业类型。

（3）做专家型顾问

如果我们在某个领域有比较多的经验，例如，在小红书有20万以上的粉丝，自己跑通过从流量获取到产品变现的整个闭环，就可以考虑给其他 KOL 或公司做顾问型的陪跑服务，帮助B端客户解决运营和业务增长的难题，赚取顾问费和业务提成。

这种副业对专业度的要求比较高，一般会提前商议一定的业务目标。在帮助对方达成业务目标的情况下，专家顾问型的副业收入还是非常可观的。例如，我现在接的项目收入一般都在6位数以上。

小实操：

请你从本节介绍的所有类型的副业中选择 1～2 个可以尝试的，立刻实践。

挖掘副业机会：从你的需求中找到赚钱的路子

很多人震惊于我怎么能从生活中发现那么多的赚钱机会：

我坐飞机能发现航空业复苏的迹象，就去买航空公司和旅游行业股票，获利 20% 以上；我出门旅游能发现五星级酒店会员权益中隐藏的赚钱机会，不仅省钱还借此赚到钱；就连买个面霜，我都能从中找出两种做副业的方式，分享给更多人。

所有的商业模式都基于供需关系。我们生活在现代社会，各种需求太多了。每个需求背后都对应着可以满足我们需求的人和物，这就有了交易的基础。有了交易，就有了赚钱的逻辑。

大部分人在副业探索的路上持续地把一只脚迈出去，还没落地就收回来，再换个方向迈一只脚，就这样不停地在自己的舒适圈边缘往外探，却迟迟走不出去，最后把找不到副业的原因归结为自己没有特长、没有资源、没有钱、没有时间、没有人帮自己……以上都是他们为自己的胆怯和懒惰找的借口。

了解了 3 种副业类型和不同的收入方式后，接下来介绍如何挖掘副业机会。我认为，可以从以下两个角度出发。

（1）从自身需求出发

这个方面分为 3 个步骤。

第一，向内看，看自己的生活、娱乐、成长需求。

第二，寻找对应的解决方案，了解清楚方案背后的赚钱逻辑。

第三，把解决方案兜售给有共同需求的人。

2023 年春节有几部电影上映，其中 3 部是我很想看的。但是，单张电影票的价格涨到了 59 元，爆米花可乐套餐的价格涨到了 49 元，找妹妹陪我一天看 3 场电影，一共要花费几百元，

我有点心疼。

于是，我想到了上闲鱼寻找更便宜的折扣券。在一个商家那里，我发现了 29.9 元的电影票和 19.9 元的爆米花可乐套餐。付款后，对方发来二维码和使用方式。通过二维码的界面，我发现了这张折扣券的来源分别是某银行的信用卡权益和淘宝的 88 会员权益。对方卖给我一张券可以赚到 8 元，那么 4 张电影票和 4 份爆米花可乐套餐的收益一共 64 元。

春节期间有这么旺盛的需求，假设每个客户至少买 2 张电影票和 1 份爆米花可乐套餐，就可以赚 24 元；一天卖给 10 个客户，合计就是 240 元的收入。花费的时间成本不超过 1 小时，折合时薪 240 元 / 小时，这可以算是相当可观的收入了。

了解清楚赚的是什么钱、渠道在哪里后，我们就可以用同样的方式把东西卖给其他有看电影需求的人啦！

依此类推，我们对任何需求都可以探究背后的赚钱逻辑和解决方案。有些赚的是小钱，有些赚的是大钱；有些收入的"天花板"低，有些收入的"天花板"高。选择哪种方式主要看以下两点。

第一，每种方式的时薪是多少，算出时薪后挑选 2 ～ 3 个时薪最高的去做。

第二，与自己的时间价值对比，如果同样的时间投入其他事情能带来更高的收益，就选择投入收益更高的事情。

（2）从别人的需求出发

我认为可以从以下 3 个方向找需求。

第一，从职业领域找需求。

第二，从爱好圈找需求。

第三，从社交平台找需求。

前两个是我们投入时间最多的方向。职业领域的需求也分为职业技能提升、职场规划、生活好物需求等。职业技能提升和职场规划类的需求往往不太明显，而且同事关系也比较敏感，不太好贸然接触。倒是生活好物分享可以在闲聊时毫无痕迹地"种草"，再结合前文讲到的电商返利类副业，副业之路可以就此开启。

爱好圈的人之间没有利益冲突，大部分都是单纯的同好关系，比较容易产生信任。我们可以从共同的学习需要出发，如一起学习理财、摄影、剪辑等。

至于从社交平台找需求，就看我们平时是否用心了。例如，我在浏览小红书时看到有人寻找好吃的仙居杨梅，刚好去年我买的仙居杨梅很好吃，就可以私信分享给她；2020 年，我在论坛分享参与港股交易的经验，这 3 年一直有人私信问我如何操作；2022 年，我给父母配置保险以后，把方案的手写截图发在小红书和抖音上，这半年时间已经有上百人问我怎么买，想要直接照搬我的方案。

无论是从自己的需求出发，还是从别人的需求出发，我们都需要有一颗观察生活的好奇心。此外，我们要努力突破自己的认知边界，只要找到存在信息差的地方，就可以顺着信息差探究副业的赚钱方式。

挖掘到副业机会只是第一步，下一节将探讨如何放大副业的赚钱效应。

小实操：

请思考你自己和身边人的 1 ～ 2 项需求，找到解决方案和背后的赚钱逻辑。

副业选择：让你的时间更有价值

副业的方向有很多，每一个都需要我们投入时间和精力去探索、研究。然而，我们每个人的时间都是有限的，不可能把 24 小时变成 36 个小时，因此必须做出取舍，让我们的时间产生更多价值。

副业选择

在副业的选择上，做出对的取舍才能让我们的时间价值更高。我认为可以从以下两个维度考虑如何取舍。

（1）心力的投入

"心力"听起来是一个比较虚的词，我们可以把它理解为意念力，它是精神力量的立体呈现。心力强大的人，情绪稳定、思维敏捷，做事时能快速进入身心合一的状态。如果你在做一件事情时心情愉悦、没有内耗、经常能进入心流状态，这件事情对你来说就是值得投入的。

副业的类型有很多，我们能做的也有很多，选择 1 ～ 2 个不过多损耗我们心力的事情比广撒网、什么都做更好。例如，运营是我擅长的事情，2022 年我曾执着于成为优秀的、身价更高的企业运营顾问，我为此花了几万元去找更优秀的老师学习，看了五六本相关的书，也参与了一些上市企业的运营顾问项目。但是，我发现它很损耗我的心力，我无法忍受长时间被甲方公司牵着走，也不想无休止地开会。一件事情不断地沟通、同步、传达，它没有办法让我进入"心流"状态。我索性放弃它，专注于个人成长和投资心得分享。

（2）时间的投入产出比

前文讲过，算出时薪后，我们就可以算出自己在该副业上的

85

投入产出比，然后根据时薪的高低选择投入产出比更高的副业。

假设我在运营顾问这件事上一个月的收入是 50000 元，每周需要投入 8 小时，1 个月就是 32 小时，时薪就是 1562.5 元。如果另一个副业的时薪是 2500 元，我就应该选择时薪 2500 元的副业，放弃时薪 1562.5 元的副业。

让你的时间更有价值

副业和主业收入最大的不同在于时间价值，它有更大的延展性。

如果是主业，我们只能就职于一家公司，每个月拿到公司发的工资。我们既不可能同时拿两家公司的工资，也不可能让公司发双倍工资。除了升职加薪或销售岗业绩达标拿提成，我们的时间不可能产生更多的价值。

相对而言，副业的可能性就更多一些。如何在副业上让我们的时间产生更多价值呢？我们可以从以下几个方面努力。

（1）单位时间卖得更贵

我们应该努力提升技能，为别人带来更高的价值，让自己的单位时间变得更值钱。2020 年，我入驻在行[①]平台，为职场人做职业规划方面的咨询，价格是 199 元 / 小时。随着我的咨询量和好评越来越多，后来价格涨到了 799 元 / 小时。

在一次给美团总部的运营人员做咨询的过程中，我发现了每年 3—6 月互联网公司"晋升季"中，很多想要职级晋升的人不会

---

① 果壳网创立的知识共享平台，可以一对一约见不同领域的专家。

写晋升 PPT，不知道怎样总结自己以往的项目经验和方法。我顺势开了职场晋升答辩辅导话题，涨价至 1699 元／小时。2021 年，我帮助十几位饿了么、中国联通、腾讯等公司的学员完成了晋升。

后来，我又开了公司运营增长相关的话题，给一些留学机构、私募基金、想要从线下转型到线上的公司 CEO 做业务增长方面的辅导，我的时间价值涨到了 2299 元／小时。

（2）把一份时间卖出多次

把自己的单位时间卖得更贵只是第一步，时薪涨到5000元／小时也只是卖出了一次。况且，相比把一份时间卖出多次，时薪的增长需要我们付出更大的努力。那么，怎样把一份时间卖出多次呢？我用几个案例来回答这个问题。

我喜欢在小红书分享自己的学习成长经验，把同一个视频分发到小红书、抖音、B 站、视频号等多个平台，不仅能获得广告收入，还能获得其他品牌内容分发的流量奖励收入。

我把自己的经验做成课程，教给 100 位学员，再包装成视频小课上架千聊、唯库、网易云课堂、播客等多个平台，这样制作一次课程就能卖出多次。

我现在写的这本书，也是把一份时间卖出多次的典型案例。

（3）搭建团队，形成自运转系统

有了时薪的概念后，我的很多做法就发生了变化。当我的时间价值更高时，我可以把时间价值低的工作外包给别人。例如，做饭、打扫卫生等家务每天要花 4 小时，而我的 4 小时可以产生 8000 元以上的价值，因此我可以花 3000 元 / 月请一位阿姨帮我解决家务问题。

家务如此，工作也是如此。靠一个人活成一家公司是不可能的。我平常的工作中有很多琐碎的部分，如活动策划、社群运营、公众号文章的排版等，于是我组建了助理团队。助理们帮我完成一部分工作，我的时间就可以拿来生产更多好的内容。

其实，无论从事主业还是副业，我们都应该对自己的时薪了然于心。算出自己的时薪后，很多决策就没有那么难做了。

第一，判断一件事该不该外包给别人取决于外包的成本是否远低于你的时间价值。

第二，判断该不该跳槽，可以算一下时薪。很多时候，月薪会迷惑我们。假设我现在做的工作月薪 10000 元，每天工作 7 小时；另一个工作机会月薪 13000 元，但每天要工作 12 小时。那么，我还会因为月薪变高而跳槽吗？

第三，算出时薪后，我们还能心安理得地浪费自己的时间吗？每浪费 1 小时刷短视频，我们都会损失 1 小时的收入，想想就很心疼。

从今天开始，努力提高你的时间价值吧！

小实操：

请计算你的时薪，并思考接下来怎样提高你的时薪。

▰ **我的故事：通过护肤品小样攒够第一个 10 万元**

这是我通过副业赚到第一桶金的故事。

2009 年 12 月，实习阶段的我被公司调往北京总部工作。大城市的一切对我来说都是新鲜的，买衣服、吃美食、看话剧、交朋友充满了我的生活，毫无节制地花钱导致我的财务崩溃了。2010 年 10 月，我因交不起房租逃离了北京。

2010 年底，我偶然看到了罗伯特·清崎的《富爸爸穷爸爸》，才意识到自己以前的消费观和金钱观有多么糟糕，财务崩溃是必然的结果。如果当年的金融环境也像现在这样容易借贷的话，可能我离开北京时已经负债累累。我从《富爸爸穷爸爸》中看到了富人和穷人在金钱处理上的区别：富人会不断地买入资产，资产产生收益，再不断买入资产，这是一个正向的循环；而穷人发了工资后只有消费和付账单，现金流没有形成正向的闭环。当时的我暗暗下了一个决心：先攒够第一桶金 10 万元，有了本金就开始学习理财。

在当下来看，"先有钱才能开始理财"其实是一个错误的认知。理财不仅仅是有了钱后怎么配置资产，怎么买基金、股票等理财产品，这个理解太狭隘了，它更重要的意义是让我们学会如何对待金钱。正确的金钱观可以指导我们从生活中发现赚钱的机会，帮助我们更积极地面对人生，找到更多实现财富增长的路径。这个错误的认知让我整整浪费了 3 年时间，直到2014 年我才开始学习投资。

打开新世界的大门

2010 年 10 月,我回到南京,逛大众点评南京社区(当时的论坛)时发现了一个板块——"食在南京部落"。版主会不定期发起"霸王餐"活动,我每次都积极地报名,也在一年内中了五六次"霸王餐"。那时的"霸王餐"还是由大众点评的工作人员带队,组织所有中奖的人一起围着圆桌吃饭。大家可以在吃饭的过程中认识不少新朋友,我也在几次吃饭的过程中认识了几个聊得来的姑娘。有一个姑娘叫小敏,在后面的两年里,她无形中帮助我加速了"第一桶金"计划。

闲来无事时,我喜欢在"部落"里逛逛,看别人写的探店帖子、旅行帖子,既长见识又让我心生向往,那些店都是当时的我消费不起的地方。我在"部落"闲逛时发现了"南京赠品部落",点进去以后仿佛发现了新大陆。我看到一些人分享哪个商场有活动,参加活动可以领一包抽纸;哪个化妆品品牌有新品推广活动,填手机号就能收到短信并领取小样,其中包括兰蔻、雅诗兰黛、赫莲娜、资生堂、羽西等中高端护肤品品牌。

我尝试着按照帖子里分享的信息打开品牌活动页面,填入手机号后马上收到了品牌方发来的小样领取短信。我还记得自己参与的第一个活动是资生堂的冰川水推广。我拿着短信忐忑地去相应的柜台,登记后就领到了 50mL 的冰川水中样。后来,我又陆续领了 SK-II 神仙水 10mL、芙丽芳丝洗面奶 10mL、羽西白玲珑面膜 15mL 等,从此开启了我的"小样"事业。

此前,我只用得起 20 元 500mL 的千纤草丝瓜水,这些大品牌的护肤品是我看都不敢看的。正是在这个过程中，我认识了海蓝之谜、赫莲娜、莱伯妮、希思黎、肌肤之钥等护肤品品牌。

多户和利他思维

领回来这么多东西，除了自己用，我还解决了妈妈、妹妹及未来婆婆的护肤品需求。但是，剩下的怎么办呢？我直接在"南京闲置部落"变现了。

10mL 的神仙水可以卖 10 元；30mL 的羽西生机之水 2 号卖 22 元；薇姿双重菁润焕白精华乳 15mL（正装）卖 80 元；7mL 的海蓝之谜精华凝霜更贵，在当时可以卖到 160 元……对于当时刚毕业不久、每月工资只有 2000 多元的我来说，还有什么比这些只需要付出时间和交通费就能获得可观收入更好的事情吗？

这件事情比工作更让我兴奋。没有哪个女孩子不会对大牌护肤品着迷，更何况它给我带来的正反馈非常快。一个人做一次品牌推广只能领到一份，能赚到的只是小钱。想要赚得更多，我需要解决两个问题：一是拥有更多的手机号，二是获得更多的活动信息。

小敏在其中发挥了作用，她给我分享了"上海赠品部落"的入口。进去以后，我就像老鼠掉进了米缸，它的信息量和更新速度至少是"南京赠品部落"的 3 倍。它解决了获得更多活动信息的问题，更多手机号的问题就需要我自己解决了。那时中国移动经常有充话费送手机的活动，我从这个渠道拿到了 3 个手机，注册了 3 个移动的手机号，还拉上了朋友的妈妈一起参加活动。

这件事是我形成多户思维的起源，解决多户和多信息两个问题后，量很快就起来了。量起来以后，就要解决出货的问题。为了更快地卖出护肤品小样，我尝试了很多本不该卖东西的渠道。

（1）在大众点评的"南京闲置部落"和"上海闲置部落"卖给其他姐妹。她们一是为了自己用，二是收货价格比零售价格便宜，从中赚取差价。

（2）在"西祠胡同"论坛的南京板块发帖子，卖给同城的姐妹们。

（3）各种女性论坛，如 YOKA 时尚网、Pclady 时尚网等，以及各大女性时尚杂志的论坛。

（4）豆瓣网。这是文艺青年的聚集地，我经常发帖，认识了不少姑娘，可以直接通过个人相册卖东西。

在卖护肤品小样的 4 年里，我的商品周转很快，基本不缺客户，因为我和别人的做法不一样。

首先，我会记住每位客户的需求和肤质，在有新的适合她们的产品时第一时间通知她们。即使我手上暂时没有她想要的东西，我也会想尽办法从朋友那里收来给她。

其次，我在给客户寄快递时不仅用心包装，打上好看的丝带，让客户有拆礼物的仪式感，还会每次赠送其他护肤品小样作为礼物，一是为了创造惊喜，二是她在试用效果比较好后会再来找我买更多。

这两点与众不同的做法给我带来了不少忠实客户。其中有一个女孩叫小燕，她持续在我这里买了 4 年的护肤品。我们成了朋友，互相分享工作日常，激励对方存钱，比赛攒钱的速度。

当时，卖护肤品小样俨然已经成为我工作之余的一个副业，但这个副业还可以开发更多收入渠道。

　　领到护肤品小样后，我会先留自己用的部分，剩下的再卖出去。每尝试一个新的护肤品，我都会在论坛分享这个护肤品的使用感受，还会对同类型的单品做对比测评。我做这件事没有什么功利性的目的，只是单纯地想着可以把自己觉得不错的产品分享出去，即使产品不好用也可以帮助其他姑娘"避雷"。这就是利他思维，只不过当时我还不知道什么叫"利他"。

　　让我没想到的是这些分享给我带来了更多的收入和机会。

　　首先，我在一些女性时尚论坛发的帖子被平台工作人员看到，这让我获得了一些额外的试用样品的机会。我积极地参加论坛和时尚杂志的一些活动，也让我获得了更多的中奖机会。我记得 2012 年中了 OLAY 品牌大红瓶系列的一整套护肤品，2013 年底中了 YOKA 时尚网的大礼包，里面有近 15 件不同的护肤品和彩妆品牌的正价商品。

　　其次，我的分享也吸引了化妆品品牌的公关人员，我经常能获得品牌方的邀请，去参加品牌方举办的南京本地的美颜会，有下午茶和礼品赠送。给我印象最深的一次是在 2012 年 6 月，海蓝之谜、希思黎等护肤品品牌相继在南京德基广场开了全球首家概念店，品牌方邀请我参加开业仪式，我见到了秦海璐等明星剪彩，也获赠了礼品和十几张 SPA 券。

　　最后，我的分享也被一些国产护肤品品牌的公关人员看到。例如，御泥坊、佰草集等来找我做微博推广。当时，发一条 140字的推广微博可以赚到 300 元。因此，我跟品牌方建立了良好的关系，这份关系在我后来的两段工作经历中为升职提供了助力。

　　除了以上 3 点，最大的收获其实是思维的锻炼和额外的工作机会。

为了做好这份副业，我深入研究了各大品牌的推广策略和方法、每年不同单品的推广周期，也认识了不少护肤达人和女性论坛的工作人员。

2011 年 4 月，我去应聘南京一家化妆品公司的市场推广经理，我对化妆品市场的深入了解让我成功被录用。在职期间，我帮助公司搭建和运营了官方微信、微博等自媒体账号，建立了达人库，制定了推广活动计划，与一些美妆盒子公司建立了合作关系，并且成功入驻各大女性论坛。因为业绩突出，不到一年时间，我的月工资就从 2500 元涨到了 5000 元。在我离职 2 年后，该公司创始人的哥哥创立了新品牌，还特意找我做咨询顾问。

2014 年 5 月，经过 3 年多的积累，我攒够了人生的第一个 10 万元，我立即去报名学习投资理财。

这份副业，我做了 4 年。直到 2015 年，我入职苏宁后才放弃。因为我进入了新的人生阶段，当时更重要的事情是在职场中深耕和成长。

回过头看，我很庆幸自己当时点开了"食在南京部落"。这一段副业经历带给我的不仅仅是收入的增加和工作机会，更深远的影响是思维的变化。直到现在，我依然会在主业、副业、投资、套利和个人品牌中用到多户和利他思维。

我将这两个思维方式分享给了 3 万多人。我的学员中经常有人反馈，这两个思维方式帮助他们增加了副业收入，获得了领导的关注、升职加薪的机会和更多年终奖。

多户和利他思维真的是收入增长的利器，你不妨试试看。

第 4 章

投资地图：

找到适合你的投资方式

认清财务现状：你以为的资产却是带走你现金流的元凶

我发现一个很有意思的现象：我们内心深处的设想往往与实际生活不尽相同。我们对生活的设想与现实生活的差距，就如同白天和黑夜的差距。

我们每个人都渴望成功和幸福，都想象过有钱、有闲、有健康的生活，但不是每个人都能找到通往成功和幸福的道路。这是因为大部分人认不清自己的现状，在奔向成功和幸福的第一步就产生了偏差。

财务自由

什么是成功和幸福？在很多人看来，成功与拥有财富的数量成正比。拥有了一定的财富后，我们不需要为了生存而计较柴米油盐，可以做自己想做的事情，去想去的地方，学想学的东西，这时就拥有了幸福。对于这种生活状态的描述，我们可以换一个更一目了然的词——财务自由。

近几年，社交媒体上经常出现关于财务自由的内容，博主们分享资产达到什么程度算作财务自由、怎样实现财务自由、财务自由后的生活是什么样子。这样的内容往往会获得比较高的阅读量和点赞数，因为大部分人无法实现财务自由，但不妨碍我们关注它，将它视为奋斗目标。

如果我们在当下的生活状态和实现财务自由之间画一条线，现在是起点，财务自由是终点，那么如何从起点到达终点便是我们要寻找的答案。在此之前，我们要先确认起点是什么、终点是什么，才能规划出合适的实现路径。

那么，怎样确认终点呢？财务自由是指一个人无须为生活开销而努力工作的状态。简单地说，就是一个人的资产产生的被动收入等于或超过他的日常开支，进入这种状态就可以称为财务自由。假设我每年的吃穿住行和学习开支加起来是 30 万元，如果我的被动收入超过 30 万元，就算实现了财务自由。当我的本金超过 300 万元，而且每年的投资收益率达到 10%，投资收益覆盖了 30 万元的生活支出，就算实现了初步的财务自由。如果我想生活得更舒服一些，拥有一套自有住房，在南京这类二线城市按 200 万元/套计算，则只要拥有 500 万元的资产、达到 10% 以上的投资收益率就可以实现财务自由。

终点已经有了，只要知道起点，我们就可以拆解出到达终点的路径。

认清自己的财务现状

我有做月度复盘和年度复盘的习惯，除了复盘每月、每年自己做了什么事情、去了哪些地方、连接了哪些优秀的老师、健康状况达到了什么状态，最重要的事情便是回顾财务状况。

我会把自己当作一家公司，详细记录我的各项收入和支出情况，算出我的利润率和投资收益率，再对比我的年度目标和计划 35 岁时退休的目标调整未来的工作和投资计划。这和我在职场时的工作习惯一样，拿到公司给的 KPI 后，以终为始地从目标倒推实现目标的计划，做好计划的第一步就是梳理现状。

我在近两年向 3000 多人分享了正确的投资观念，包括如何搭建自己的投资框架，如何找到适合自己的投资方向。我带他们找到财务自由目标后的第一步，就是梳理自己的财务现状，看清自己的资产负债情况，计算净资产有多少，以及如何分配资产才能达到预期收益率。

梳理自己的财务现状，首先要分清自己有多少资产、多少负债。

资产分为现金资产、投资资产和固定资产。现金资产包括银行存款和货币基金（类似余额宝这样的投向货币市场的开放式基金），投资资产包括债券型、指数型、主动型等非货币型基金、股票、银行理财、储蓄型保险、期权等，固定资产包括房屋、汽车等。

负债分为短期负债和长期负债。短期负债是一年内要还的负债，如信用卡、花呗、信用贷等；长期负债是超过一年要还的负债，如房贷、车贷、经营贷等。

用总资产减去总负债，就是我们的净资产，代表当下我们的资产状况。

我以小 A 为例制作一张资产负债表，具体的资产负债数据如表 4-1 所示。

表 4-1　小 A 的资产负债表

项目	合计（元）	明细科目	金额（元）	比例	预期收益率（估算的收益率）
资产	现金	41000	银行存款	11000	1.96%	1.50%
			货币基金	30000	5.35%	4%
	投资资产	20000	债券型基金	0	0	6%
			指数型基金	0	0	10%
			股票	10000	1.78%	10%
			银行理财产品	10000	1.78%	7%
	固定资产	500000	房屋（市值）	500000	89.13%	5%
			汽车	0	0	-8%
	总资产（元）			561000	100%	—

项目	合计（元）	明细科目	金额（元）	比例	备注
负债	短期负债	1000	信用卡	0	0	
			消费贷款（花呗等）	1000	0.55%	
			贷款利息	240	0.13%	
	长期负债	180000	房贷余额	180000	99.32%	
			车贷余额	0	0	
	其他	0	其他	0	0	
	总负债（元）			181240	100%	
净资产（总资产－总负债）（元）			379760	—	—	

资产负债表有一个特殊情况要注意，即负债中借款的现金要在资产的现金中体现。

例如，小 A 原本有 10000 元的银行存款，他又在银行借了一笔 1000 元的消费贷，那么他应该在短期负债中的"消费贷款"栏填入 1000 元。这 1000 元现金真实地装入了他的口袋，所以要在资产的"银行存款"项中增加 1000 元现金，加上原有的 10000 元银行存款，共计 11000 元。同时，在负债中的"短期负债"栏增加这 1000 元的贷款利息 240 元。最后计算资产负债率，公式如下：

$$资产负债率 = 总负债 / 总资产$$

资产负债率可以反映一个人的财务杠杆水平，这个值越低越好。如果高于 50%，我们就需要警惕和调整了。

大部分人都没有梳理自己财务状况的习惯，仅仅知道自己每个月发多少工资，但是不知道具体花了多少钱、负债率是高还是低、自己有多少钱可以拿来投资和增值。

做完这张表，我们就能明确自己每个月赚多少钱、有哪些资产和负债，以及净资产有多少。钱不够花，我们就可以从这张表上看出到底是自己赚得太少还是花得太多。

明确了财务自由的目标和现状，我们才能更好地规划实现路径。这就像我们要去某个目的地，导航时必须先设置起点和终点，知道距离有多远，才能制定合理的路线。

资产和负债

要想实现财务自由，最重要的方式就是增加资产、减少负债。

罗伯特·清崎在《富爸爸穷爸爸》中曾提到："资产是能把钱放在口袋里的东西，负债是把钱从口袋取出来的东西。"十几年前，我的财商启蒙就是从这本书中资产和负债的定义开始的。资产是把钱带入我们口袋的东西，如可供出租的房子；负债是把钱从口袋中取出来的东西，如自住的房子。当时，这个定义颠覆了我过去 20 年的认知。按照我们的常识，房子应该是资产，而且是家庭的核心资产。但是，自住性房产不仅不能带来任何现金流收入，还需要支付各种费用（物业、水电、维修、装修、契税、贷款利息等），它让钱从我们的口袋中源源不断地流出，因此是负债。

这个概念听起来很简单，但实际区分起来还是很容易混淆的。例如，买来开网约车赚钱的汽车是资产，买来自己出行用的汽车是负债；花 1000 元买回来但放着不听的课是负债，花 800 元学习但赚回了 2000 元收益的理财课是资产。

在我们的生活中，有很多类似的例子。从理财的角度看，区分一件事物是资产还是负债的关键就在于它是给你赚钱的，还是让你花钱的。而区分富人和穷人的关键就是看他们怎么使用自己的钱，是不断买入资产，让资产持续产生收入，形成正向闭环，还是一味地在衣食住行中消耗所有的收入。两者最大的区别在于钱是如何流动的，如图 4-1 所示。

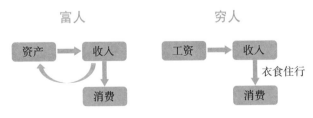

图 4-1 富人和穷人的资产流向

我们要想早日实现财务自由，就必须学会用富人的思维方式对待金钱，不断买入资产，产生正向现金流。

小实操： 🖊

∙∙

请列举你生活中哪些是资产，哪些是负债。

▶ 坚持记账：分清必要和想要，借助"想要"的力量赚钱

以下哪些心理状态是你现在有或曾经有过的？

➢ "月光"不是因为我不攒钱，而是我赚得太少了。

➢ 等我赚得更多时，我一定能每年存 10 万元。

➢ 发了工资先花，到了月底有剩的钱，我再存起来。

➢ 我这个月原本想存 2000 元的，可是朋友结婚，要出份子钱。

➢ 我的护肤品用完了，如果现在不买，以后做医美要花更多钱。

➢ 这个课卖 10000 元，可是学了以后能赚到钱，我先用花呗付吧。

这些心理状态只是表象，背后是我们对金钱缺乏掌控感，被欲望牵着走的生活状态。它们是导致我们"月光"、存不下钱、花得比赚得多、旅游只能选穷游、想投资但没有本钱的根本原因。

人的欲望是无止境的

很多人谈到存钱、"月光"的问题，都会说"我现在赚得比较少，等我有钱了再存钱"。其实，这也是一个认知上的误区。能否存下钱与我们的收入多少没有必然联系，而与我们管理钱的方式有关。陷入这种思维误区的人即使收入增长至 2 万元、3 万元，依然会发生"月光"的问题，因为人的物质欲望会随着收入的增长而增长。

珊珊在工资 5000 元 / 月时，下班点个 10 元的麻辣烫当晚饭就满足了。工资涨到 3 万元 / 月后，她觉得必须犒劳自己，要吃就吃人均 800 元的日式料理。没钱时，她背 100 元买来的包也能美一整天。有钱时，她想的是"只有 5 万元的 LV、香奈尔的包才配得上我"。

我曾经也短暂地在物质欲望中迷失过。2018 年前，我的工资是每月 10000 元，税后再扣掉房租、车贷和其他必要的生活花销，每个月只能存下 2000 元。我不敢买太多衣服，只能去便宜的川菜馆吃饭，买低于 200 元的包。2018 年下半年，当我的月收入涨到 50000 元以上后，我开始给自己买 3000 元的包，去人均消费 500 元的餐厅过生日，吃一次外卖要花掉 100 元。到年底时，我看到记账软件里的收支分析表才发现一年 60% 的收入都被自己花掉了，这让我幡然醒悟。

万幸的是我有十几年的记账习惯，即使短暂迷失也能在看到触目惊心的报表时回到正轨。

摆脱"月光"，从记账开始

我们为什么要记账？有两个原因：一是数据的呈现会比较客观；二是可以回顾过去。人的记忆都是短暂的，我们不能指望在辛苦工作之余，还要留出脑容量记忆今天买菜花了几元、明天买奶茶花了十几元。借助软件记录收支情况，我们才不会在月底复盘时怎么也想不起来钱到底花在哪里了。

基于十几年的记账经验，我总结了一些实用的小技巧分享给大家。

（1）3 个好用的记账 App

我用过很多记账 App，推荐其中的 3 个：鲨鱼记账、随手记、挖财。资金流动不大、希望工具简单明了的人可以用鲨鱼记账。家庭收支比较复杂、希望分账本记账的人，我建议用随手记和挖财。这 3 个 App 中，随手记是我使用时间最长、功能最强大的记账软件，它的强大主要体现在以下 3 个方面。

①支持增加不同的账本

随手记支持设立不同的账本，如做生意的经营收支账本、家庭收支账本、旅游支出账本等，每个账本可独立汇总和分析数据。

②支持自定义收支项

如果软件内置的收支项目不符合个人需求，用户可以自行增加或删减项目，以满足自己的个性化需求。

③支持每周、每月、每年的分析报表

我们从报表上可以清晰地看到当期的收入、支出集中在哪里，如图 4-2 所示，并定期复盘，有意识地减少超出预算的支出。

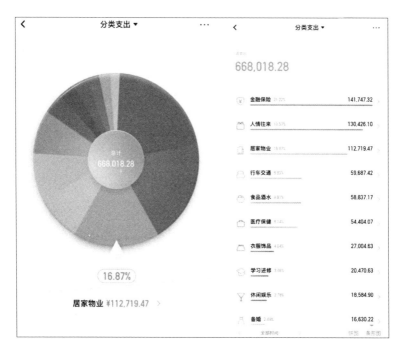

图 4-2　随手记中账本的分类支出汇总示例

（2）做好月度复盘

如果说资产负债表像医生诊脉能帮助我们判断自己的整体财务状况健康与否，那么收支表就像血液检查可以帮助我们筛查哪个器官出了问题，以便对症下药。

收支表的主要项目是每月收入、每月支出。

每月收入可以分为主动收入和被动收入。主动收入是指我们付出劳动和时间获取的收入，如工资收入、奖金收入、副业收入和其他劳务收入等；被动收入是指不需要付出劳动获取的收入，如投资收益。将每月收入制成表格会更直观，如表4-2所示。

表4-2　每月收入表示例

分类	合计（元）	账户	金额（元）	比例	备注
主动收入	4500	工资收入	4500	100%	
		奖金收入	0	0	
		其他	0	0	
被动收入	0	投资收益	0	0	
		其他	0	0	
收入合计（元）				4500	

每月支出可以分为必要支出和非必要支出。必要支出即满足日常所需的支出，让你吃饱、穿暖、有地方住。满足个人消费欲望的是非必要支出，如买名牌包、旅游、去热门餐厅打卡等。每月支出也可制成表格以便每月复盘，具体样式如表4-3所示。

表 4-3　每月支出表示例

分类	合计（元）	账户	金额（元）	比例	备注
必要支出	2200	饮食	300	48.89%	
		日常费用（通信费）	250		
		路费或车辆相关消费	0		
		房租或物业费	150		
		人情往来	0		
		学习支出	0		
		房贷	1500		
		车贷	0		
非必要支出	1500	置装费	1000	33.33%	
		休闲娱乐	500		
		外出旅行	0		
合计支出（元）			3700	82.22%	
每月储蓄（元）			800	17.78%	强制储蓄

梳理完收支表以后，我们可以看收入减去支出后的值是多少。如果收入远远小于支出，我们就要保持警惕，先节流再开源；如果收入远大于支出，我们就可以提高投资的比例，让闲钱滚动起来。

做好记账和复盘后，我们就可以合理地控制欲望，开始制定开源节流计划了。请记住，存钱不是为了克扣我们当下的生活，而是为了让人生有选择权。

节流和延迟满足

什么是节流？简单地说就是省钱。

2010 年，我大学毕业。刚出校门的第一年，我也是"月光族"。那时候我和同事去北京动物园批发市场买衣服，220 元可以买 5 个包和 1 件棉袄。那时我的消费观是不求品质、只求样式，能天天穿不一样的就很开心。

2011 年下半年，我看了《富爸爸穷爸爸》这本书后，意识到必须强制储蓄才能买得起我家对面 7000 元 / 平方米的房子。那一年，我的工资是 2500 元 / 月。通过开源和节流，到 2014 年 5 月我就攒了 10 万元。这 10 万元不全是省出来的，我在省钱的同时还挖掘了其他收入渠道。

关于节流，我可以分享一些好用的小妙招。

（1）发工资后第一时间存钱

每月初，我都会做好当月的支出计划。例如，每月工资收入 2500 元，我需要支出交通费和通信费 150 元、餐费 500 元、衣服和护肤品消费支出 200 元，并且留出 200 元备用，剩下的 1450 元存到银行。

我会在收到工资的第一时间把 1450 元存好，放入不开网银和手机银行的银行卡里。目的就是为花钱设立门槛，强制自己在拿到钱的第一时间储蓄，剩下的钱用于当月的生活开支。

（2）学会延迟满足

当我有冲动消费的想法时，我会离开那个消费场景。例如，我在逛淘宝时看到想买的东西会把它们先加入购物车，然后关闭淘宝 App，等一周后再决定是否要买。这时我一般已经不想买了，顺势就省下了一笔支出。

如果一周后我还想买，怎么办？我可以利用这股消费的欲望，从别处赚到这笔钱。

利用"想要"的力量

如果想要的东西超出了当月的预算，我也不会从银行账户中取钱出来。我一直告诉自己，就当作这笔钱已经不是自己的，无论如何也不能动它。

"想要"的欲望会让我们产生源源不断的动力，催动我们想办法满足它。那么，我们去别处找钱吧，可以赚外快、做副业、摆摊卖东西等，用计划外多赚的钱满足"想要"的欲望。例如，我做过下面这些事情：

七夕时，我在朋友圈兜售"孤寡青蛙"服务，一单赚 10 元，一天 10 单就可以赚到 100 元；

把我喜欢的老师的课程推荐给需要的朋友，朋友报名后，我可以得到 300 元的推荐奖励；

去小红书分享学习心得，增长 1000 个粉丝后接到了一个 500 元的广告……

生活中开源的方式其实非常多，当你打开思路，就会发现身边到处都是赚钱的机会。

小实操： 🖉

请梳理自己的资产负债表和收支表，做出调整计划。

◤ 复利思维：财务自由的关键不是收益率

巴菲特这样总结自己的成功秘诀："人生就像滚雪球，当我们发现很湿的雪和很长的坡，把小雪球放在长长的雪坡上，不断积累，越滚越大，优势越来越明显。"这里的滚雪球思维也可以理解为复利思维。

复利是什么

复利就是利滚利，把上一期的利息和本金合在一起，作为下一期的本金来计算利息，民间也叫"驴打滚"。

例如，你在银行存了 10000 元的定期存款，存 1 年，年利率为 2%，那么这笔存款到期时你会得到 10000 元的本金和 200元的利息；到期后，你把 10200 元一起作为本金重新存了 1 年定期，这样把每年产生的利息和本金合在一起作为下一年的本金产生收益的方式就是复利，如图 4-3 所示。

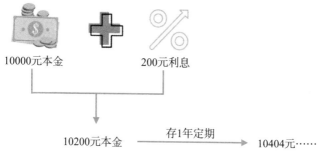

图 4-3 复利示意图

复利的计算公式如下。

$$F=P(1+i)^n$$

说明：F 是未来值，即期末本利和的价值，P 是现值，i 是利率，n 是计息期数。

我把它用另一种更方便理解的方式来表达。

$$复利 = 本金 \times (1+ 收益率)^{时间}$$

复利是投资理财领域非常重要的一个概念，重要到什么程度呢？爱因斯坦曾说复利是这个世界上最伟大的力量。可能很多人听说过这句话，但它其实是网上流传的一个谣言。据考证，爱因斯坦从没说过这句话。不过，他说没说过不重要，这不影响复利可以帮助我们变富的真相。

复利思维的误区

关于复利的重要性，网上流传着很多听起来激动人心的故事。例如，17 世纪，有一个荷兰人用价值 24 美元的布料和饰品从印第安人手里买下了曼哈顿岛。

曼哈顿现在是美国最繁华的商业中心，保守估价 2.5 万亿美元。从 24 美元到 2.5 万亿美元翻了多少倍已经数不清，乍一听这笔买卖简直太成功了。

别急，我们再看看如果这个荷兰人当年用 24 美元投资美股，按照美国股市近 100 年平均投资收益率 9% 计算，最后会变成多少呢？

从 1626 年到 2023 年共 397 年，按照 9% 的年投资回报率计算，24 美元会神奇地变成 17319 万亿美元，差不多能买 6927.6 个曼哈顿岛！

很遗憾的是大多数人对复利思维都有误解。

错误认知 1：复利是财富无限增长的神话。

大众认知中的复利都是被刻意夸大的，就像爱因斯坦从没说过复利是世界上最伟大的力量一样，1626 年也没有发生曼哈顿的故事。

即使有，谁又能保证年化收益率稳定地保持在 9% 呢？不仅年化收益率要稳定在 9%，还要延续 397 年，这根本是不可能做到的事情。

错误认知 2：理财就是靠复利赚钱，等着滚雪球就行。

很多复利故事都是把时间成本降低，把年变成了天和秒。例如，领导每天给你涨工资，1 天涨 1 倍，第一天从 1 元开始，只需 30 天就能涨到 10.7 亿元。

在现实世界中，我们提到收益率时通常是以年为单位计算的。发 30 天工资这样的复利周期，换算到自己身上则需要 30

年。连续 30 年，每年以 100% 的速度涨薪，这可能吗？

这个时代有很多变数，找一个高收益的投资项目很难，要在同一项目上保持稳定的高收益更是难上加难。例如，分级基金在 2017 年前收益率很高，在 2020 年退出了市场；2020年初，原油套利赚钱，但几个月后，原油套利没有利润了；2020—2021 年，港股打新的收益率甚至高达 100% 以上；但2021 年 11 月后，港股新股频频亏损，港股走出了近 15 年最低估值。

现实中几乎没有任何投资可以 10 年、20 年、30 年保持稳定的高收益。收益高的地方就会人潮汹涌，先来的人获得最多的利润，晚来的人喝到点汤，最后看到铺天盖地的宣传进来的人就只能站在山岗上被套牢。

投资不是一成不变的，它需要我们不断地学习，保持对市场的敏感度，根据市场情况随时调整自己的投资方向以提高自己的胜率。如果只靠自己做不到，就找一个靠谱的老师和社群陪伴吧。

错误认知 3：有了复利效应，我就不用努力赚钱了。

这也是很多人看了夸大的复利效应后不经思考就形成的错误认知。钱少时，努力提升自己的赚钱能力比复利投资更重要。

你的工资是 3000 元 / 月，3 年后攒到了 10000 元，可以拿来投资了。

你找到一个年化收益率可以长期保持在 10% 的投资方式，

于是投了 10000 元进去，希望在时间的加持下实现暴富。7 年后，你连本带利赚回了 19487 元。而对于其中 9487 元的收益，你努力提升自己的专业技能，实现升职加薪，也许不到一年就赚回来了，值得花 7 年的精力在这每年 1000 多元的收益上吗？

不要把赚钱的期望全都寄托在复利上。

为什么？因为在我们一生有限的投资时间里，大部分收益靠的是本金积累，而非复利。

本金才是复利的关键因素

复利的作用建立在本金、收益率和时间 3 个要素的基础上。我们回顾一下前文提到的复利公式。

$$复利 = 本金 \times (1 + 收益率)^{时间}$$

把复利的 3 个要素琢磨透了，我们就知道应该重点朝哪个方向努力的性价比更高。

（1）本金

在复利中，本金是基础。

假设我只有 10000 元的本金，每年复合收益率为 20%，10 年后我能得到 61917 元，如表 4-4 所示；如果我有 10 万元的本金，每年复合收益率只有 10%，10 年后我却能得到 259374 元，如表 4-5 所示；如果 10 万元本金也能达到 20% 的复合收益率，那么 10 年后我就有 619174 元。

表 4-4 10000 元每年 20% 复利的收益演示

年份	期初资产（元）	年化收益率	期末资产（元）
第 1 年	10000	20%	12000
第 2 年	12000	20%	14400
第 3 年	14400	20%	17280
第 4 年	17280	20%	20736
第 5 年	20736	20%	24883
第 6 年	24883	20%	29860
第 7 年	29860	20%	35832
第 8 年	35832	20%	42998
第 9 年	42998	20%	51598
第 10 年	51598	20%	61917

表 4-5 10 万元每年 10% 复利的收益演示

年份	期初资产（元）	年化收益率	期末资产（元）
第 1 年	100000	10%	110000
第 2 年	110000	10%	121000
第 3 年	121000	10%	133100
第 4 年	133100	10%	146410
第 5 年	146410	10%	161051
第 6 年	161051	10%	177156
第 7 年	177156	10%	194872
第 8 年	194872	10%	214359
第 9 年	214359	10%	235795
第 10 年	235795	10%	259374

很多人会忘记本金的重要性，其实它的多少决定了我们未来资产的多少。但问题在于本金的增加并不是投资能带来的，而要靠我们不断努力工作去换取。

因此，在财富积累的早期，通过提升工作和赚钱的能力获取更多本金，比寄希望于通过投资理财增加收入更重要。我这里要说的不是早学会理财不重要，而是在早期放过多的精力在理财上性价比不高。

同样，在积累本金的过程中，我们不要放弃任何赚小钱的机会，因为小钱是积累本金的必经之路。

（2）时间

在复利中，时间起关键性的作用。因为它在指数的位置，包含两层含义：第一，时间越长，复利效应越明显，所以理财要趁早；第二，你的本金能投资多久。

我们的收入中包含日常开支的钱、准备旅游的钱、留给未来的钱等，不同的钱有不同的用途。我们不仅要趁早理财，还要学会如何给不同期限的钱匹配合适的投资方式。

对于用来增值的钱，最好先给它判"无期徒刑"；如果不行，至少也要"关"3 ～ 5 年。就像我一直强调的，要用闲钱投资！

（3）收益率

不同投资品种的收益率是不同的。杰瑞米·西格尔在《股市长线法宝》中总结了美国 200 年间不同投资品种的收益率，如图 4-4 所示。

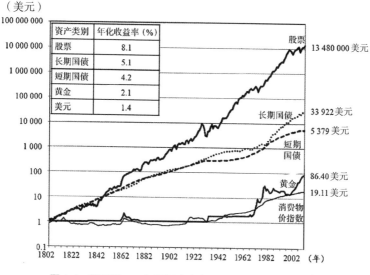

图 4-4　美国近 200 年不同资产类别的年化收益率对比 [1]

以 200 年的时间来看，股票的收益率最高。但是，收益高的金融产品，风险也更高。A 股市场相对有些不同，可投资的金融产品非常多，本金的多少也与收益率挂钩。10 万元以下的小资金要想获得 30% 以上的年化收益率，还是比较容易的，可以选择证券市场中的套利机会。当我们的资金超过 100 万元时，想持续稳定地获得 15% 以上的年化收益率就比较难了。

复利曲线的秘密

关于复利，我们掌握了以上 3 个要素之后，还要真正地理解复利曲线。我们可以看看巴菲特的资产增长曲线，如图 4-5

[1]　图片来源于杰瑞米·西格尔所著《股市长线法宝》。

117

所示。

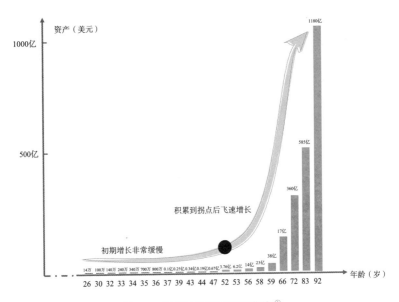

图 4-5　巴菲特的资产增长曲线 [1]

　　这条曲线就是典型的复利曲线。前 52 年一直都很不起眼，直到 52 年后开始一路上扬，也正应了那句话，"量变引起质变"。这说明巴菲特当下的巨额资产，绝大部分是他 50 岁以后赚到的。我们普通人没有巴菲特那么厉害的投资能力，复利曲线会比他的更平缓一些。

　　巴菲特一生从未间断过学习和研究投资，他曾被人称为"行走的书架子"。巴菲特的复利曲线带给我们两点启示：第一，变富是需要慢慢实现的；第二，财富持续保持复利增长，需要

---

① 这张图根据福布斯美国富豪榜等公开数据绘制。

终身学习、不断提升认知才能做到。

小实操：

如果你想实现被动收入大于支出的初步财务自由状态，请计算需要积累多少本金，保持多少收益率？

投资产品地图：一张图帮你看清财富世界的全貌

人类的认知有 4 个层次：不知道自己不知道、知道自己不知道、知道自己知道和不知道自己知道。大部分人都处在最下面一层：不知道自己不知道。

在投资世界中，人的认知可以划分为 3 个境界：不知道自己不知道、知道自己不知道、知道自己知道。95% 的人处在"不知道自己不知道"这一层，他们通过消息和别人的推荐做投资，冲进各种自己认知范围之外的地方，如 P2P、"杀猪盘"、IPO 前内部认购股份等。他们有一个共同的名字——"韭菜"。4% 的人处于"知道自己不知道"这一层，他们选择在自己的认知范围内投资，不懂不投，并努力拓宽自己的认知边界。剩下1% 的人是集天赋和努力于一身的高手，他们对各种投资产品游刃有余。

对普通投资者来说，能遇到好的机缘，从第一层跨到第二层，已经可以获得丰厚的回报了。想从低往高进阶，就要提高自己的认知，拓展自己的财富世界地图。

财富世界的寻宝地图

刚到陌生的城市，你做的第一件事是什么？

我会打开地图看自己在哪里，搜索目的地在哪里，找到最优路线和最方便的交通工具。这里用到了以终为始的思维方式。

同样，当你想获得财务自由时，也需要这样一张纵览全局的地图，看终点在哪里，自己身在何处，哪些地方是"坑"不要踩，哪些地方可以走过去，规划从起点到终点的路线。

我给大家展示一张财富世界的寻宝地图，如图4-6所示。

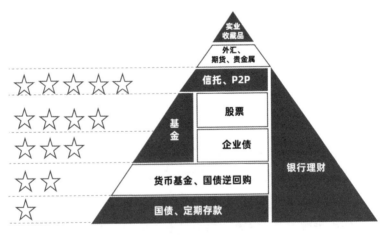

图 4-6　财富世界的寻宝地图

图4-6中自下而上的难度越来越高，回报和收益自然也越

来越多。但是，新手的认知不足，心态也不好，我不建议挑战金字塔顶的两类投资产品。

国债、定期存款：1 星难度

国债就是国家向社会筹集资金而发行的债券。简单理解，国债就是国家向你借钱，到期还本付息。3 年期国债的年利率为 2.95%[①]，风险极低，因为背后是国家信用。

定期存款和活期存款是对应的，一般分为 1 年期、3 年期和 5 年期。1 年期也就是你把钱存在银行 1 年，到期才可以取。这是之前几十年里普通人最常见的理财方式了，目前 1 年期定期存款的基准利率为 1.5%，2 年期为 2.1%，3 年期为 2.75%。

货币基金、国债逆回购：2 星难度

货币基金和国债逆回购在第二层。我们熟知的余额宝、朝朝盈、零钱通及各种 ×× 宝类产品都属于货币基金，它投资的是银行间市场，风险低，收益也低。目前，货币基金的收益率呈下降趋势，已经跌到了 1.7% 左右，但胜在比定期存款更灵活，可以随存随取。

国债逆回购是指机构和个人有资金需求，在回购市场将自己的国债抵押出去换取现金，借方借出自己的资金获取利息收入。本质上这是一种短期贷款，但因为抵押物是国债，所以安全性很高。

在月底、年底和节假日放假前的倒数第二天，国债逆回购的收益率会飙升。2023 年元旦前，国债逆回购 1 天期产品的年

---

① 2023 年 5 月数据。

化收益率超过 5%。历史上国债逆回购 1 天期产品的年化收益率最高达到过 35%，2 天期最高达到过 97%。

做国债逆回购最好使用股市中不用的闲置资金，在节前购买 1 天期国债逆回购产品可享受多天的利息收入。

企业债、基金：3 星难度

财富世界寻宝图的第三层是 3 星难度的企业债和基金。企业债和国债的性质一样，都是企业有融资需求，向市场借钱，一般年化收益率在 4% 以上。不同信用评级的企业债，收益率也不同。

国债背后有国家信用担保，企业债背后有企业信用担保。虽然企业债的收益率比国债高，但风险也会相对更高，有违约的风险。

股票：4 星难度

4 星难度的是股票，股票的价格波动大，同一只股票的价格在几年内可能相差数倍。这是风险高、收益也高的投资品种，需要投资者具备较强的投资能力。如果我们把时间拉长，配合正确的投资方法，保持 8% 以上的年化收益率还是可以做到的。

横跨 3 星和 4 星的是基金。简单地说，基金就是你觉得自己不够专业，把钱交给基金经理打理，交少量的手续费和管理费，让他帮你赚钱。

为什么基金会横跨 3 星和 4 星呢？因为基金分很多种，有债券基金、股票基金、指数基金等。基金的投资标的不同，风险等级也不同。债券型基金和股票型基金都是基金，但前者的风险更低。

信托、P2P：5 星难度

简单地说，信托就是"因为信任，所以托付"。与基金类似，信托是委托人基于信任将自己的合法财产委托给信托机构，由信托机构按照委托人的意愿为受益人进行利益管理和资产处置，通常用于高净值人群管理家族资产。但是，它有 100 万元的准入门槛。

信托的可投资标的比较广泛，和理财产品一样，目前也已经打破刚兑，不保本了。

P2P 的原理是撮合个人对个人的借款。公司信用都有违约的风险，个人信用的风险就更高了。目前，国家政策已经全面限制 P2P，我们不要触碰。

银行理财的难度横跨 1 星到 5 星，因为银行拿着我们的钱投资不同类别的投资产品，我们可以把它理解为"一锅乱炖"，其风险如何要根据具体的理财产品背后的投资标的而定。目前，银行理财产品已经打破刚兑，国家规定不能承诺保本。我们在选择银行理财产品时要考虑自己的风险承受能力，匹配适度的风险。

最上面的外汇、期货、贵金属、收藏品，再加上虚拟币，这类投资产品可以归类到地狱难度，我们如果不懂，就不要触碰。

总之，谨守能力圈，只赚自己认知内的钱，是我们在投资世界中活得更久的关键心法。

投资的"不可能三角"

投资领域有一个"不可能三角"，即投资产品的安全性、流动性和收益性三者无法兼顾，如图 4-7 所示。

图 4-7　投资的"不可能三角"

　　深入理解三者之间的关系能帮助我们从本质上理解投资。例如，我们把钱投入货币基金，只能获得约 1.7% 的年化收益，它有很好的流动性和安全性，但收益性不高；我们把钱投入股票，可以获得高流动性和高收益，但需要为此承担高风险，牺牲安全性；我们把毕生积蓄拿来买房子，它是实物资产，安全性有保障，一二线城市核心地段房子的收益性也不错，但变现能力差、流动性不足。

　　我们做任何投资，都要在这 3 个要素中做取舍。同样一个产品，可能适合我，但未必适合你，因为我们的风险承受能力、资金使用期限及对流动性的需求不同。

　　没有最好的投资产品，我们要做的只是利用它们的不同性质，为自己的目标服务。要说有一点点建议的话，我会将风险作为首要考虑因素，因为钱赚不完，但是可以亏完。不过，有时面对一些高收益的投资方式，如果我们能控制风险，提前制定不同情况的应对策略，把亏损的概率降到最低以博取超额收益，在能力允许的范围内也是可以做的。

　　怎么判断风险承受能力呢？有一个非常简单的"80 法则"：

可承担风险比重＝（80－目前的年龄）/100。例如，我今年 34
岁，那么我可承担的风险比重就是 46%，我可以用 46% 的闲置
资金做风险较高的进取型投资。当然，这只是一个参考值，具
体数值多少，还要根据个人的投资能力和心态而定。

我们看清了财富世界地图的全貌后，就可以根据自己的风
险承受能力和预期收益率选择适合的方向继续学习了。

小实操：

请你根据自己的风险承受能力拟定投资计划和不同类型产
品的投资比例。

稳赚不赔：4 种低风险、高收益的投资方式

对普通投资者而言，低风险往往意味着低预期收益率。但
是，A 股市场有一些独特的规则，使其近十几年一直都有低风
险、高收益的投资方式。这些规则被一小部分热衷于研究规则
的投资者发现，其中一些胆大的投资者在规则下赚到了丰厚的
回报。本节介绍 4 种低风险、高收益的投资方式。

可转债打新

可转债的全称是可转换公司债券。这个词有两层意思：债

券相当于借条，可转债就是上市公司想借钱扩大生产规模，公开向二级市场的投资者募集资金，债券作为上市公司给投资者的到期还本付息的凭证；"可转债公司"是债券的定语，可以理解为公司赋予投资者的一项权利，如果公司上市后，投资者不想拿利息，也可以根据转股价值将自己手中的债券兑换成公司股票，相当于期权。

简单地说，可转债就是优质的上市公司想要借钱所发行的债券＋期权。"债券"和"期权"的属性让可转债有两个不同的特性——债性和股性。债性是指它的债券属性，安全、稳定但收益低，不论可转债上市后价格如何，最终公司都要按发行时定好的利息给投资者还本付息，这个本息之和就是可转债价格的底。股性是指它的期权属性，因为可以转换成公司股票，所以可转债价格受正股价格影响而波动，正股价格没有上限，可转债价格也没有上限。这两个特性让可转债价格"下有保底，上不封顶"。

每张可转债发行时的价格都是 100 元。截至公司收回债券时，利息大概在 10 元左右，本息之和为 110 元左右。那么，我们只要低于这个价格买入，就一定不会亏损。即使短期亏损，我们也可以持有至回售期再卖给公司，亏时间但不亏钱。

对普通投资者来说，最大的风险是股价的不确定性和本金亏损的风险。但是，大部分可转债不存在这个问题。2023 年 4 月，A 股迈入全面注册制时代后，退市公司增加，我们需要避开可能退市的"问题债[①]"。

---

① 问题债是指接近或完全失去偿债能力、陷入财务困境的公司发行的可转债。

可转债还有 4 个核心条款：转股价、下修转股价、强赎条款、回售条款。正因为这 4 个条款的存在，可转债可以衍生出几十种玩法，其中最基础、最适合新手的就是可转债打新。

可转债打新是指投资者在可转债新发行时进行可转债申购的操作。对没有理财基础的投资者而言，可转债打新极其友好，主要有以下 4 点原因。

（1）门槛低，收益率高

我们只需要花 1000 元的成本，中签后放 1 个月等待新债上市后卖出即可。单只新债的平均收益率为 10% ～ 15%。运气好的时候，单只新债的收益率可以达到 40% 以上。例如，我在 2021 年 3 月 31 日卖出的正元转债，上市首日最高价为 147 元，我在 144 元时卖出，绝对收益率为 44%；2020 年 10 月，我中的奇正转债上市，上市首日最高价为 198 元，我在 179 元时卖出，绝对收益率为 79%，如图 4-8 所示。

图 4-8　奇正转债的收益率示例

2019 年，如果我们坚持打新债，单账户只需 2000 元的成本，平均收益为 6000 元。2020 年以后，因为参与的人多了，单账户一年打新债的收益下降，为 2000～3000 元，年化收益率超过 100%。如果一家三口都参与可转债打新，一年可以赚到 6000～9000 元，这些收益足以安排一次家庭旅行了。

近两年，参与可转债打新的人数从 800 万增长至 1000 万，新债中签率下降。2022 年，单账户一年打新债的收益为 1000～1500 元，按照 2000 元的成本算，年化收益率也超过了 50%，还是非常可观的。

2022 年 6 月 18 日，可转债新规发布后，购买可转债从无门槛变成了必须具备 2 年股票交易经验和前 20 个交易日内账户日均资产在 10 万元以上。这在无形之中给投资新手增加了门槛，但仍有不需要可转债权限就可以参与新债的方法。2022 年，我在知识星球分享了这种方法，很多没有权限的新学员都获得了新债上市的利润。

（2）参与简单，花费时间少

投资者不需要盯盘，只需要在新债申购的日子点击提交申购，上市当天提交条件单自动卖出即可。

（3）中签率相对新股高

可转债打新在 A 股是仅次于打新股的 A 股"福利彩票"，新股中了是大彩头，新债中了就是小彩头。新股的中签率平均为万分之三，而新债中签率低的只有万分之五，高的能达到

63%（2022 年发行的中银转债）。A 股实行全面注册制以后，打新股不再是稳赚不赔的"福利彩票"了，打新债就变成了更优的选择。

（4）稳赚，破发风险小

可转债新债上市首日破发的概率低，只有在市场行情极不好且正股表现太差时才会有破发风险。

2022 年全年市场共发行 147 只可转债，只有齐鲁转债上市首日破发，上市首日开盘价为 98.1 元，最终以 95.128 元收盘。如果投资者在上市首日卖出，那么中 1 手亏损 20 ～ 50 元，亏损幅度为 2% ～ 5%；如果不卖出，则可以等到涨回 100 元后再卖出。

此外，从可转债的规则中延伸出来的还有几十种不同的策略，如平均年化收益率为 7% 的低价转债策略、年化收益率为 10% ～ 20% 的双低转债摊大饼策略、可供套利的抢权配售策略、"博下修"策略及强赎策略等。

REITs 基金

什么是 REITs 基金？简单地说，REITs 就是信托，大家把钱交给专门机构进行不动产投资的经营管理。我国发行的 REITs 基金有产权类、基础设施类（国家的基础建设，如高速公路）。你凑 10 元，我凑 10 元，所有的机构和散户投资者一起凑一笔钱，交给机构进行不动产类项目的经营管理，投资者就拥有了"股东的分红权"，机构挣到钱后给投资者分红。除了每年给投资者分红，REITs 基金还可以在证券市场上市，进行自由交易。

REITs 基金的低风险玩法也是打新，就是在基金的公开认购期去认购，最后按中签率分到一定的份额。目前上市的REITs 基金还没有上市破发的情况，上市首日大多会微涨；上市一年后，少的涨幅10%，多的涨幅能达到48%以上。下面列举一些最近上市的 REITs 基金，如表4-6 所示。

表 4-6　REITs 基金示例

项目大类	不动产类型	简称	上市首日涨幅	上市一年后涨幅
产权类	仓储物流	红土盐田港 REIT	2.91%	26.78%
		中金普洛斯 REIT	2.11%	20.75%
		平均涨幅	2.51%	23.77%
	产业园区	博时蛇口产园 REIT	14.72%	28.53%
		华安张江光大 REIT	5.89%	18.83%
		东吴苏园产业 REIT	0.7%	14.82%
		建信中关村 REIT	30%	48.16%
		平均涨幅	12.83%	27.59%

总而言之，REITs 基金打新有以下规律。

（1）只要资金多，打新是必中的（100 万元能配售几万元，1 万元配售几百元）。

（2）园区类的 REITs 基金上市容易大涨，其他类别相对较弱。

（3）发行规模大的涨得少，规模小的上市后涨得多。

国债逆回购

经常有学员问我，如果他有一笔钱短期不用，但又嫌弃余额宝的年化收益率太低，有没有其他可供选择的理财产品？我一般会告诉他，还有国债逆回购可选。

前文介绍了国债的背后是国家信用，所以国债逆回购的安全性非常高，它几乎是零风险的短期理财产品。

国债逆回购的年化收益率是随时波动的，一般比货币基金（余额宝类产品）要高一点，但在月末、季度末、年末、节假日前会上涨。历史上 2 天期的国债逆回购利率最高达到过 97%，时间在 2014 年 8 月 28 日。35% 左右的年化收益率也曾出现过 5 次。2022 年 12 月 26 日，年化收益率达到过 5.11%。

为什么月末、季度末、年末、节假日前国债逆回购的年化收益率会涨？因为企业要回笼资金，金融机构此时缺钱，就需要出较高的利息向市场借钱。它的本质也是供需关系的改变：当市场上钱多时，机构很容易借到钱，只需要出较低的利息；当市场上资金短缺、供应紧张时，机构想借到钱就要出较多的利息成本。

市场中有哪些国债逆回购产品呢？主要有沪市和深市（沪市是指上海证券交易所，深市是指深圳证券交易所）的产品，有 1 天期、2 天期、3 天期、4 天期、7 天期……182 天期，如图 4-9 所示。沪市的国债逆回购产品年化收益率会略高于深市的，购买门槛是 1000 元起，投资者在券商开设证券账户后才能购买。

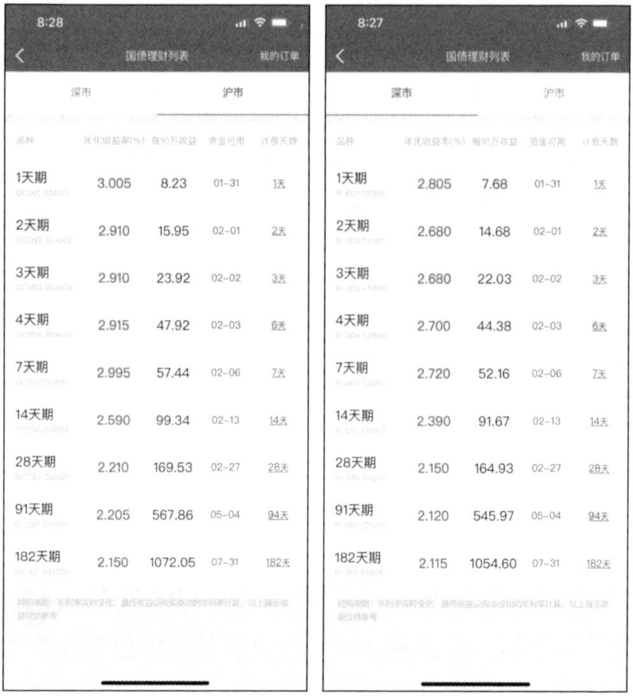

图 4-9 沪市和深市国债逆回购产品对比

　　国债逆回购有一种特别的玩法，就是每逢假期前的倒数第二天买入 1 天期的国债逆回购产品，可以享受 1+ 假期天数的利息，但资金只锁定 1 天，不影响买卖其他产品。例如，2023 年的春节假期是 1 月 21 日—1 月 27 日，共 7 天，投资者可以在 1 月 19 日买入 1 天期的国债逆回购，按 10 天计息，但 1 月 20 日早上资金就回到投资者的账户内，投资者可以自由购买基金股票和其他理财产品。

　　如果有闲置资金，这样的玩法可以适用于每周四买 1 天期计息 3 天，周五资金到账；或者五一、中秋、端午、元旦等 3

天假期时，放假前倒数第二天购买 1 天期计息 5 天。由此可见，学会灵活使用国债逆回购，可以让你闲置的钱在短期内发挥最大效用。

储蓄险

9 年前，我开始学习投资。自此以后，我一直在追求 15% 以上的年化收益率。为了达成这个目标，我会拿出 80% 的闲置资金投入股票、指数基金、港股、美股等风险资产，少部分投入债券、指数基金和货币基金，用于平衡风险，起到压舱石的作用。

我曾经对储蓄类保险产品存在偏见，认为它收益低、灵活性低、缴费期满之前现金价值低于本金，如果这时取出资金就会造成实质性的亏损。但在看到身边很多有钱人都买了数百万元甚至上千万元的储蓄险后，我很想弄明白其中的投资逻辑。

2021 年 11 月，我入职明亚保险经纪公司，成了一名专业的保险经纪人。在学习了大量的保险知识后，我为自己和家人买了 4 份储蓄险，包括养老金保险和增额终身寿险。我原本只把 20% 的资金用于配置低风险资产，现在提升到了 30% 的比例。

具体而言，促使我改变观念的原因有以下几点。

（1）我们所处大环境的不确定性增加了

2018 年以后，我经历了美股 4 次熔断、瑞幸造假等股市黑天鹅事件，短期情绪导致相关股票的价格快速下跌。尤其是 2022 年部分债券基金和银行理财产品都出现亏损 40% 以上的情况。面对这样的情况，确定性收益对我来说变得尤为重要。而储蓄险的收益写在合同里，这无疑给我吃了颗定心丸。

（2）利率下行是大趋势

我们来看图 4-10，图中的黑线是央行历年的一年期存款利率调整情况，黄线代表近 30 年保险预定利率趋势。

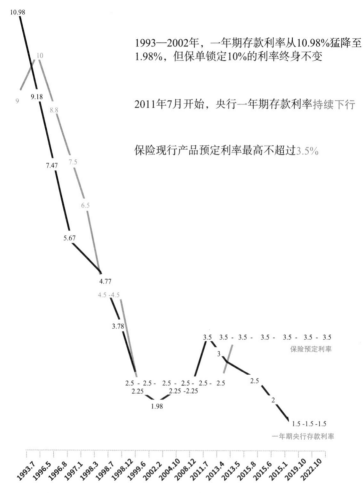

1993—2002年，一年期存款利率从10.98%猛降至1.98%，但保单锁定10%的利率终身不变

2011年7月开始，央行一年期存款利率持续下行

保险现行产品预定利率最高不超过3.5%

图 4-10　近 30 年一年期央行存款利率和保险预定利率变化趋势对比

1993 年，央行一年期存款基准利率是 10.98%。2022 年底，一年期存款基准利率已经跌至 1.5%，30 年间一直呈下降趋势且会持续下行。保险的预定利率同样呈下降趋势，从最高 10% 降至 3.5%。但保险有优势的一点就是只要合同约定了利率，就会终身按照该利率滚动下去，不受利率下降的影响。因此，储蓄险对于风险承受能力低、既不会理财又想要资产增值的人来说是一个非常好的选择。

（3）解决养老问题

储蓄险分为养老金保险、年金险、增额终身寿险等。其中，养老金保险和增额终身寿险可以解决我们退休后的日常生活和"急用一大笔钱"这两种需求，这两种也是我最喜欢的储蓄险品种。

商业保险中的养老金保险和我们平时缴纳的社保类似，特点是抗风险、固定发放、可作为遗产继承。每年固定缴纳一定的数额，可自行选择 1 年、3 年、5 年、10 年……30 年缴纳，55 岁（女性可选 55 岁或 60 岁，男性可选 60 或 65 岁）后开始按月或按年领取养老金。以光大永明光明一生（慧选版）养老年金险为例，如果是 30 岁的女性，每年缴纳 10 万元，缴 10 年，55 岁退休后每月可领取 8891.6 元（每年领取 106700 元），直至去世为止，如表 4-7 所示。如果领取年份不足 20 年，则剩余部分现金价值可由受益人继承。

表 4-7　光大永明光明一生（慧选版）养老年金险 30 岁女性现金价值演示

保单年度	年龄	每年保费（元）	累计保费（元）	身故保险金（元）	每年领取养老金（元）	累计领取养老金（元）	现金价值（元）
1	31	100000	100000	100000	0	0	36464

（续表）

保单年度	年龄	每年保费（元）	累计保费（元）	身故保险金（元）	每年领养老金（元）	累计领养老金（元）	现金价值（元）
2	32	100000	200000	200000	0	0	84954
3	33	100000	300000	300000		0	143355
4	34	100000	400000	400000	0	0	209304
5	35	100000	500000	500000	0	0	280177
6	36	100000	600000	600000	0	0	356281
7	37	100000	700000	700000	0	0	437945
8	38	100000	800000	800000	0	0	525515
9	39	100000	900000	900000	0	0	619361
10	40	100000	1000000	1000000	0	0	719876
15	45	0	1000000	1000000	0	0	939550
20	50	0	1000000	1227568	0	0	1227568
25	55	0	1000000	1496913	106700	106700	1496913
30	60	0	1000000	1600500	106700	640200	1349766
35	65	0	1000000	1067000	106700	1173700	1171146
40	70	0	1000000	533500	106700	1707200	971756
41	71	0	1000000	426800	106700	1813900	931822
42	72	0	1000000	320100	106700	1920600	892805
43	73	0	1000000	213400	106700	2027300	855297
44	74	0	1000000	106700	106700	2134000	820023
45	75	0	1000000	0	106700	2240700	787874
50	80	0	1000000	0	106700	2774200	0
55	85	0	1000000	0	106700	3307700	0
60	90	0	1000000	0	106700	3841200	0

（续表）

保单年度	年龄	每年保费（元）	累计保费（元）	身故保险金（元）	每年领养老金（元）	累计领养老金（元）	现金价值（元）
65	95	0	1000000	0	106700	4374700	0
70	100	0	1000000	0	106700	4908200	0
75	105	0	1000000	0	106700	5441700	0

增额终身寿险则比较灵活，类似于银行存款，特点是稳健、终身锁利、流动性强。以华夏大富翁（增额版）终身寿险为例，如果是 30 岁的女性，每年缴纳 10 万元，交 5 年，共计缴纳 50 万元保费，到 55 岁时账户内现金价值 1046043 元，65 岁时账户内现金价值 1474508 元，如表 4-8 所示。如果突发重大疾病，可以取出一部分资金看病，剩余部分继续以 3.5% 的复利滚动。

表 4-8 华夏大富翁（增额版）终身寿险 30 岁女性现金价值简版

保单年度	年龄	年交保费（元）	累计保费（元）	全残保险金（元）	身故保险金（元）	现金价值（元）
1	31	100000	100000	160000	160000	57785
2	32	100000	200000	320000	320000	134718
3	33	100000	300000	480000	480000	224180
4	34	100000	400000	640000	640000	327255
5	35	100000	500000	s00000	800000	443423
6	36	0	500000	800000	800000	467667
7	37	0	500000	800000	800000	493244
8	38	0	500000	800000	800000	520229

（续表）

保单年度	年龄	年交保费（元）	累计保费（元）	全残保险金（元）	身故保险金（元）	现金价值（元）
9	39	0	500000	800000	800000	548700
10	40	0	500000	800000	800000	578740
15	45	0	500000	741770	741770	741770
20	50	0	500000	880894	880894	880894
25	55	0	500000	1046043	1046043	1046043
30	60	0	500000	1242043	1242043	1242043
35	65	0	500000	1474508	1474508	1474508

养老金保险和增额终身寿险分别对应于不同的需求，我的建议是两者可以搭配使用。养老金保险按月领取，解决的是基本生活所需问题。增额终身寿险可以灵活取出，解决的是大病、孩子婚嫁、旅行等其他大额花销问题。

我最初只想买增额终身寿险，看中它利率高、灵活且终身锁利，后来朋友的一句话点醒了我。她说："如果只有增额终身寿险，年纪大了被一次性骗走所有钱，怎么办？"对啊，正因为它灵活、存取方便，万一被骗光，以后的生活堪忧。如果同时搭配养老金保险，按月领取，至少基本生活有保障。

因此，正确地认识和配置产品，能帮助我们预防人生中的很多风险。

小实操：

请尝试买入 1 天期的国债逆回购。

那些比投资更有意思的事

金融市场中充斥着一夜暴富的故事，但它们只是海市蜃楼，赚大钱的永远是少数人。但这不妨碍投资这件事的魅力，因为有些事比赚钱更有趣。

认识世界，思考本质

郭德纲曾说："活明白需要时间吗？不需要时间，需要经历。"我认为，人活一世，要想活得通透、明白，不需要经年累月的时间，而需要不同的人生经历。

股市被认为是人性的放大器。在这里，你能在一两年内体验到很多人一辈子才能体会到的酸甜苦辣。于是，人就活得明白了，也通透了。更重要的是在投资领域的深入研究能帮助我们练就一眼看透本质的能力，这个能力可以迁移到工作和生活中的方方面面，尤其对挖掘赚钱机会来说是一个不可或缺的能力。

学会了如何分析公司和行业后，我看到了互联网江湖里的赢家通吃、独角兽横行，本质上是因为互联网天然具有网络效应"护城河"，技术壁垒和资本的快速扩张让它一年的发展能抵过传统行业的十年；无处不在的共享单车、共享充电宝，挂着"共享"的羊头，实际卖的却是"租赁"的狗肉；企业家四处演讲不是因为他们爱出风头，而是要把企业价值观和梦想兜售出去。有人说，股市最不缺的就是故事和梦想，有梦想才有市值。

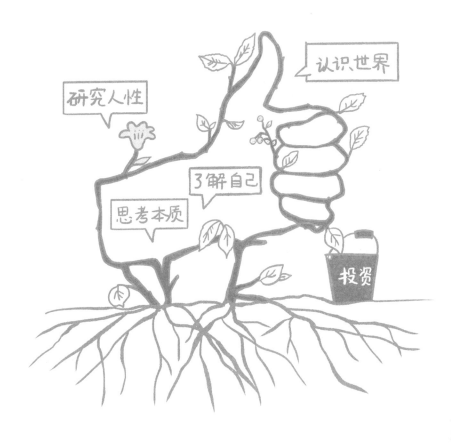

企业在市场中拼得你死我活和各行各业越来越明显的头部效应，本质上是再常见不过的自然规律：弱肉强食，适者生存。

　　这一眼看透本质的能力，不仅在工作中帮助我提升了业务水平，也在副业挖掘、寻找投资机会中帮助我练就了一双火眼金睛。例如，我在给互联网公司员工做咨询时，可以根据他们反馈的问题，透过表象找到内在的原因；在给企业做咨询时，一下戳中他们的核心痛点；在生活中发现各种商机都是由信息差造成的，找到有信息差的两个市场就可以赚到差价。

　　这样的洞察力是 9 年的投资学习和实践带给我的，它帮助我更好地认识世界，思考事物的本质。

看透人性，了解自我

　　投资除了能将"思考本质"训练成一种本能，还能促使我们对人性有更深入的思考。前文提到了股市是人性的放大器，你会看到很多平日里冷静、理性的人在面对股票时仿佛变了个人。

　　市场瞬息万变，上一秒悲观到想"割肉"、下一秒"踌躇满志，满心欢喜自己能赚到更多钱"的现象比比皆是。股市中流传着一句话，叫"一根阳线改三观"，意思是股民的记忆都只有 7 秒，无论前面经历怎样的暴跌，即使悲观到认为这辈子都不可能回本了，只要某天看到大涨，马上就能变得乐观起来。股市的 K 线波动会让人不断地否定自我，一遍遍地经历兴奋、失望、痛苦、自我怀疑的循环，如图 4-11 所示。

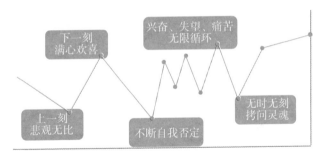

图 4-11　人们在股市面对 K 线波动时的心理状态

　　沉迷于股市的 K 线波动会让人迷失自我。直到某天，我们终于醒悟，人在短期决策时因为渴望即时满足而偏感性，在做长期决策时因为能够延迟满足而偏理性。要想保持清醒的头脑，就要人为地克制频繁交易和做超短线的欲望。大部分频繁交易的人最终都会以亏钱收场。

　　我曾短时间在"频繁交易"上迷失过，快速获利的快感完全掩盖了我的理性思维，时时刻刻关注股价涨跌不仅耽误工作，还容易造成焦虑、暴躁的情绪。后来，我改变了自己的交易习惯，提前研究感兴趣的标的，做仓位管理计划，设置条件单买入和卖出，不在开盘期间紧盯 K 线，记录自己的交易逻辑，定期复盘，就能克服人性。

　　从个体来看，任何人都足够理智和通情达理。但为什么作为群体的一员立马就变了呢？所以，在投资中盲目从众往往会让我们干出不堪回首的傻事。之所以赚一点就跑，亏损了就死扛，是因为我们喜欢胜利马上兑现后的自豪感，讨厌失败成为现实后的挫折感。

我们买入一只股票后，眼里看到的都是关于这只股票的利好消息，而对明显的坏消息都视而不见。除了无知，更因为我们是一个普普通通、有七情六欲的人。

投资久了，我发现自己渐渐少了虚妄自大，多了谦卑敬畏；少了咄咄逼人，多了温润包容；少了急功近利，多了宠辱不惊。

投资是一场修行，大方地承认人性的弱点，努力地保持冷静、理性，是每个想要在投资领域赚到钱的人的必修课。

格局更大，想得更远

有人曾戏言："这个世界发生的一切事情，几乎都与投资人有关。"用高领资本的张磊先生的话说，就是"Think big，Think long"。

大到美联储会不会持续加息，我国今年稳增长的经济政策体现在哪些方面，远到人工智能会在哪些工作领域取代人类，小到思考一家公司为何盈利，能否持续保持高增长。

在学习投资的路上，我们永远在思考事物的本质、认识世界、研究人性、了解自己、思考国家政策与你我的关系。这些事情，哪一件不比挣钱有趣多了？当你醉心于不同行业和上市公司的发展时，看到的世界大了，格局大了，也就不会再拘泥于眼前的生活了。

投资是一个人一辈子最后的职业。

我的一位朋友是基金经理，他说过一句话："如果能把这些事都做到极致，挣钱不过是顺带的事儿。"不过，如果没有充足的知识储备，没有丰富的人生阅历，没有保持深度思考的习惯，那么这些乐趣可能都与你无关。

投资带给我的远不止这一点乐趣，更大的收获是思维方式的升级。你不妨试一试，找一位靠谱的老师，开始学习投资，不出半年就会看到变化。

小实操：

请思考自己的生活中有哪些事与投资有关。

第 5 章

套利思维：
普通人实现低风险、高收益的方式

套利：最适合理财新手的赚钱方式

什么是套利呢？我先分享一个小故事。

2020年3月初，各地之间运输不畅通，大量水果在批发市场无法及时售出，每天都有大量水果烂掉，批发商只能降价处理。我们小区门口的水果店从批发市场运回来一货车的车厘子，以15元/斤的价格在小区业主群售卖，这时上海的同品种车厘子价格是49元/斤。

3月5日，我要开车回上海工作，同事知道我家门口的车厘子这么便宜，愿意以25元/斤的价格请我代购车厘子。每箱10斤，一箱赚100元，10箱可以赚1000元。同事用将近市场价5折的价格买到了车厘子，我也赚到了一笔小钱。双赢的事情，我自然乐意帮忙。

这种因两个市场间存在价差，在两个市场间用较低的价格买入再以较高的价格卖出的行为就是套利。

我在跟别人聊起套利时经常会发现有人对它有偏见，认为套利就是违法违规地套取利润，是一种投机行为。但其实不是，套利是在规则允许的情况下，利用两个市场间的信息差合理合法地获取收入。

往大的方面说，大部分的商业行为都可以归为套利。例如，菜贩从批发市场低价买入青椒、土豆，然后加价卖给消费者，从批发市场和零售市场中赚取价差，这是套利；机构投资人从一级市场低价获得公司股份，再在二级市场卖给散户，这是套利；化妆品代购从海外低价购买产品，然后加价在朋友圈卖给消费者，这也是套利。

为什么不同市场间存在价差呢？根源是信息差。你知道价格更便宜的购买方式，但别人不知道；或者有些商品比较稀缺，会有溢价，想买它但又买不到的人就会加价购买，如周杰伦的演唱会门票、盲盒的隐藏款、正版的玲娜贝儿毛绒玩偶、暑期的亲子酒店、53 度飞天茅台酒等。

套利的类型有很多，不仅实物商品、虚拟商品之间存在套利机会，证券市场也存在套利机会，如股票中的"打新股"、可转债中的"打新债"及"博下修"基金中的"LOF 基金（Listed Open-Ended Fund，上市型开放式基金）套利"等。

套利的确定性带来安全感

9 年的投资经历给我最深刻的感受即证券市场的波动是无常的，它不会以个人的意志为转移。当你满怀希望觉得今年买的基金会涨时，突然来个黑天鹅事件，经历半年的跌跌不休后账户亏损 25%，你很容易会对投资丧失信心而"割肉"卖出。这时余额宝 1.7% 的年化收益率在你眼里就像一颗珍珠，耀眼又夺目。因为你知道好不容易攒下的本金是安全的，不但不会亏损，还能赚 1.7% 的利息。

我在自由人生公式中把套利提到了与主业、投资一样重要的地位，主要就是因为它在以下 3 个方面给我带来了安全感。

（1）面临熊市大跌时，套利带来的确定性收入能帮助我很好地面对亏损时的心理压力。

（2）套利是主业以外的收入，能帮助我更快地积攒本金，而本金是财富增长的最大影响因素。

（3）套利能持续给我带来现金流，而持续的现金流可以在熊市让我买到更多的便宜股票。

套利是最适合新手的赚钱方式

我的学员小 A 是小学教师，每月税前工资 6000 元。在学习我的理财入门课后的第一个月，她用套利的方法赚到了 2000 元，第二个月赚到了 6000 元，第三个月赚到了 10090 元。她说："第一次工资外收入超过了主业收入，我觉得自己的生活更有希望了！"

这样的案例在我的学员中有很多，我之所以在分享理财知识时加入套利的内容，是因为一个残酷的真相：普通人想通过理财实现财务自由几乎是不可能的。

很多人听过最多的学习理财的理由就是复利。只要时间够长，收益率够高，复利就能把你的资产像滚雪球一样滚得无限大。但是，他们忽视了另一个非常重要的因素——本金。本金 1

万元和本金 10 万元滚动的速度是完全不一样的，如表 5-1 所示。本金 1 万元以每年 10% 的复利滚动，30 年后的本息和是 17.45 万元。而 10 万元以每年 10% 的复利滚动，30 年后的本息和为 174.49 万元。二者相差约 157 万元。

表 5-1　本金 1 万元和本金 10 万元每 5 年的收益变化

年份	本金 1 万元			本金 10 万元		
	期初资产（元）	年化收益率	期末资产（元）	期初资产（元）	年化收益率	期末资产（元）
第 1 年	10000	10%	11000	100000	10%	110000
第 5 年	14641	10%	16105	146410	10%	161051
第 10 年	23579	10%	25937	235795	10%	259374
第 15 年	37975	10%	41772	379750	10%	417725
第 20 年	61159	10%	67275	611591	10%	672750
第 25 年	98497	10%	108347	984973	10%	1083471
第 30 年	158631	10%	174494	1586309	10%	1744940

我认为套利是最适合新手的赚钱方式，原因有以下几点。

（1）套利可以帮助我们增加工资以外的收入，快速积攒本金。

（2）套利不需要花太多的时间和精力。以证券套利中的可转债打新为例，用 1000 ～ 2000 元的成本在有新债可以申购的日子花 1 分钟时间完成申购，中签后上市首日卖出即可，一年平均收益可达 2000 元。

（3）套利的正反馈快，最快半小时就有收益，慢的时候一两个月。有了正反馈，我们才更有动力坚持学习和实践。

小实操：

请仔细思考你的生活中有哪些符合套利逻辑的机会，列举
2～3个。

套利的类型：实物套利、证券套利及商业套利

我们常说，人赚不到自己认知之外的钱。这里的认知包括
你了解信息的渠道，以及解读信息的能力。生活中存在信息差
的地方非常多。只要存在信息差，就存在套利的空间。所以，
套利的类型也非常多。

本节主要讲述 3 种常见的类型，分别是实物套利、证券套
利及商业套利。

实物套利

实物套利的赚钱逻辑是稀缺性导致的商品溢价，先低价买
入，再高价卖出。

例如，茅台酒除了商品属性，还有社交属性和投资属性。
社交属性是指它作为高端酒，消费群体定位于高收入人群，就
像爱马仕、香奈儿的包包一样，在社交场合是财富和身份的象
征。投资属性包括两方面：一是茅台酒本身有品牌溢价，而且

茅台酒厂每年的产能有限，难以扩大产能、提升产量，供小于求也会带来溢价；二是酒越陈越香，年份越久的酒在市场中价值越高，很多人把收藏茅台酒当作投资。

以 53 度飞天茅台酒为例，茅台酒厂的官方建议售价是1499 元 / 瓶。我们一般在经销商和茅台官方合作渠道能以 1499 元的价格买到，但数量有限。超市等渠道的市场价为 3000 元 / 瓶～ 3200 元 / 瓶，批发商的价格为 2500 元 / 瓶～ 2800 元 / 瓶，每天的价格不同。这三个市场之间的价差带来了套利空间，从经销商到批发商的差价为 1000 元 / 瓶～ 1300 元 / 瓶，从经销商到零售渠道的差价为 1500 元 / 瓶～ 1700 元 / 瓶。如果我们能以 1499 元 / 瓶的价格买到，再以 2500 元 / 瓶～ 3200 元 / 瓶的价格卖出，就可以赚到 1000 元 / 瓶～ 1700 元 / 瓶的利润。

我们能通过三类渠道以 1499 元的价格买到 53 度飞天茅台酒。

第一类是电商平台。例如，网易严选、京东、天猫超市、苏宁等每天限量发售 53 度飞天茅台酒，我们只需要按发售时间准点抢购即可。我就抢到过十几瓶。

第二类是各地商超。例如，在麦德龙、华润苏果超市、伊藤、盒马鲜生、山姆超市等购物时满足一定的条件，就可以通过抽签获得 1499 元买飞天茅台酒的机会。我在南京的华润苏果超市抽到过 4 瓶 53 度飞天茅台酒。

第三类是茅台官方平台，如 IMT App、贵旅优品 App、贵州茅台酒销售有限公司公众号等。有些平台需要消费者通过购买贵州特产获得积分，以此兑换 1499 元购买 53 度飞天茅台酒的资格；有些平台需要消费者预约申购，中签后按照平台规则购买即可。获利的重点是坚持。可能我的运气比较好，近两年我在这些官方平台中过几十瓶53度飞天茅台酒和生肖酒。

收到酒后，我们可以卖给身边有需求的朋友，或者卖给收酒的个人、烟酒店等。

其他实物套利的逻辑类似，都是因为稀缺和信息差带来了溢价空间。我们只要找到有价差的两个市场或渠道，就可以低买高卖赚到钱。

证券套利

前文讲过，证券市场存在套利空间，也是因为不同市场之间存在价差。证券套利有两种类型，一种是券商开户套利，另一种是金融产品套利。

券商开户套利的逻辑比较简单，与线上打车或外卖平台为吸引新用户而向其赠送打车券、外卖红包一样。券商为了吸引新用户使用自己的交易软件，也会将部分广告费以理财利息的方式补贴给新用户。例如，赠送年化收益率为5% ~ 6.5%的新手理财券，这个理财券对应的新手理财产品限期14 ~ 42天，限额5万 ~ 10万元。如果是年化收益率为6.5%的新手理财券，限期14天，购买5万元，用户就可以拿到124.65元的理财收益。券商让用户实实在在地拿到现金福利，以此提高用户留存率。

与其他理财产品不一样的是券商的新手理财产品没有亏损风险。我们在购买其他理财产品时，需要根据它背后投资的标的不同判断其风险。例如，银行理财是由银行募集资金后拿去购买其他投资标的，如果背后投资的是公司债、股票、期权期货等产品，也会有公司违约和股票大跌的风险。券商的新手理财产品则更像保本付息的短期债券，买入时就约定好了利息，券商划分一部分市场费用给用户补贴利息，到期本息到账，这样既安全又省心。

金融产品套利也分很多种，而且并非一成不变。例如，2018 年以前的分级基金、2019—2021 年的港股打新、2021 年以前的线下可转债打新、2022 年以前的 LOF 基金和原油基金套利、2021 年至今的可转债各种套利玩法、指数基金套利等。

总体而言，金融产品套利大致可以分为打新类、情绪博弈类、市场折溢价类。

（1）打新类

申购新债、新股，认购新发行的 REITs 基金等都属于这一类。因为申购人数远大于发行数量，所以有一定的中签概率。

在打新类金融产品套利中，我们赚取的是新股、新债、新基金上市当天的市场情绪溢价。简单地说，就是花 100 元申购，超过 100 元卖出，中一次新股、新债、新基金的利润是几十元到十几万元不等，由所中数量、持仓市值和上市涨幅而定。

2022 年底我的社群举行了年终复盘活动，有一位宝妈学员记录了她 2022 年在打新债上的收益，让人印象深刻。她和家人的账号全年一共中了 105 手新债，卖出后赚了 19784 元。本金共 23000 元，一年收益 19784 元，年化收益率高达 86.02%。对资金较少的人来说，这算性价比最高的理财方式了。

（2）情绪博弈类

情绪博弈类金融产品套利就是在市场出现分歧时逆市买入，等待市场情绪好转后卖出获利。

例如，沪深300ETF是指数基金，代表A股市场沪深两市最大的300只股票，一般用这个指数作为基金经理的业绩基准线。当A股大跌时，我们就可以买入沪深300ETF，等反弹时卖出。

再如，2022年旅游类相关个股下跌，我们买入旅游类的行业指数基金（旅游ETF）和旅游概念的可转债（众信转债），等待行情转好、股价上涨时卖出获利。因为我们始终对经济恢复抱有信心，所以我们在市场对出行类行业（旅游、酒店、航空、机场等）产生悲观情绪、大部分人选择"割肉"卖出时坚定地买入，等待市场回暖，这是逆向投资的一种。

2022年9月5日，我以0.925元的价格第一次买入旅游ETF。11月2日早上10点，利好政策出台。于是，我在11月2日以1.04元的价格卖出，收益率为12.43%。

2022年10月21日，我又买入了众信转债（买入价格130.52元）。11月2日利好政策出台后，我在11月4日卖出众信转债（卖出价格160.79元），14天的收益率为23.19%。

情绪博弈类金融产品套利要求我们关注市场信息，针对信息做出快速且准确的判断，并坚守自己的判断。

（3）市场折溢价类

市场折溢价类金融产品套利主要发生在基金、可转债两类金融产品上。

在基金中，有一类LOF基金既可以在场内交易（证券市场内），也可以在场外交易 ①。

场内和场外有时候会出现折溢价，这意味着场内交易的价格可能比场外交易的价格更便宜或更贵。当折溢价的比例大于交易手续费时，我们就可以在便宜的市场买入、在贵的市场卖出，赚取中间的价差。这样的机会经常出现，当我们的本金大于 10 万元时，即使只有 0.5% 的差价，我们也可以赚到 500 元。例如，LOF 基金就经常出现折溢价，如表 5-2 所示。

商业套利

商业套利的种类非常广泛，如推荐课程赚佣金、推荐客户拿提成、推荐商品得商家返利等。各种商业套利的底层逻辑是相通的，都是商家通过你将产品销售出去，然后给你发放销售奖励。在这些方式中，推荐商品得商家返利这种方式因为可规模化，已经成了一门年利润可以做到上千万元的生意。做这个生意的人被称为淘宝客。

前几年，我被好朋友拉进了推荐淘宝商品的微信群。群主每天发几十条商品链接，大部分都是日用品，不仅价格便宜，还经常有大额的优惠券，比我自己去淘宝店铺买要便宜20% ～ 30%。当时我不明白为什么群主会花时间做这些"公益"性质的分享，后来发现每个通过链接成交的订单，群主都可以获得几元到几十元的返利佣金。

① 场外交易是指在证券交易市场外的交易。银行、证券公司的代销，基金公司的直销，支付宝等第三方平台的代销，都属于场外交易。

财富哪里来

表 5-2　2021 年 12 月 8 日 8 只 LOF 基金场内外交易的溢价率

代码	名称	现价	涨幅	成交（万元）	场内份额（万份）	场内新增（万份）	换手率	基金净值	净值日期	实时估值	溢价率
163417	兴全合宜	2.000	2.04%	9433.10	394724	-124	1.20%	1.9740	2021-12-08	2.0163	-0.81%
163402	兴全趋势	1.028	2.09%	6425.02	210940	-551	2.98%	1.0161	2021-12-08	1.0389	-1.05%
161005	富国天惠	3.546	1.11%	4736.28	90128	-61	1.49%	3.5306	2021-12-08	3.5744	-0.79%
163406	兴全合润	2.125	1.92%	3469.17	69272	-8	2.37%	2.0985	2021-12-08	2.1422	-0.80%
162605	景顺鼎益	3.052	2.31 %	6016.57	63022	-4	3.14%	3.0030	2021-12-08	3.0767	-0.80%
161903	万家优选	2.130	0.80%	1082.35	45623	-75	1.12%	2.1282	2021-12-08	2.1501	-0.93%
162703	广发小盘	3.444	0.44%	785.79	23528	-12	0.97%	3.4465	2021-12-08	3.4806	-1.05%
163415	兴全模式	3.956	2.14%	1718.16	21014	-2	2.08%	3.9090	2021-12-08	3.9978	-1.05%

除了淘宝，其他各类电商 App 都有返利的渠道。例如，淘宝有淘宝联盟，京东有京粉，拼多多有多多进宝。

电商类的套利方式可以赚 2 种钱。

（1）你平常购物可以用返利，相当于变相省钱了。

（2）在你的朋友圈或社群推荐好物给朋友，让他们用你的返利链接下单，你就可以获得佣金。

我们还可以通过公众号、小红书等自媒体引流建群，把它做成一门生意。当用户规模上去后，一个月收入超过 10 万元还是比较容易的。我身边最厉害的淘宝客已经实现公司化经营，一个月营收达到几百万元。

总之，只要你留心，生活中赚钱的方式真的很多。

小实操：

请从套利的 3 种类型中选一种进行操作，并记录自己的成果。

底层逻辑：学会解读规则，稳定日入 500 元

套利机会之所以存在，是因为存在信息差。生活中处处都存在信息差，只要你留心观察就会发现身边处处都是赚钱的机会。

信息差隐藏在规则中

经常有人问我："阿七，你的脑子太灵活了，你是怎么发现身边有这么多赚钱机会的？"其实所有的赚钱机会都隐藏在它的规则中，只要你细心观察就能找到蛛丝马迹。

我在社群中讲可转债打新是一个稳赚不赔的套利机会时，有人发出质疑，他说："你骗人，我去年中了一只齐鲁转债，亏了50元就'割肉'卖了。"我也同样中了2手^①齐鲁转债，不仅没有亏损，还赚到了4200元。但凡我们对可转债这个投资品种有基本的了解，都不会选择在上市首日"割肉"卖出，反而能看到它潜在的套利机会。

我们来看看到底是怎么回事。

2022年12月19日齐鲁转债上市，当天开盘价为98.01元、最高价为98.87元、最低价为95.06元、收盘价为95.13元。如果以最低价卖出，中签1手齐鲁转债（1手为10张，价值1000元）会亏损49.4元。此处暂且不计算交易费用。

我在95.7元时买入了100手齐鲁转债，市值为95700元，在2023年1月18日齐鲁转债涨至99.9元时卖出，持有30天赚了4200元，绝对收益率为4.39%，折合年化收益率为53.4%，这算是一次成功的套利。

---

① 可转债1手为10张，2手为20张。

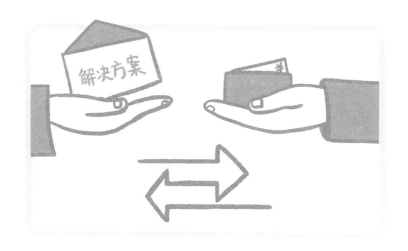

我之所以判断它是一次赚钱的套利机会，完全是因为我了解可转债这个投资品种的规则，机会其实就藏在它的发行公告中。

第一，可转债的发行公告中有 2 条赎回条款，这决定了它一定会涨到 109 元或 130 元以上。

（1）到期赎回条款

可转债到期后 5 个交易日内，公司会以票面面值的 109% 的价格赎回投资者手中未转股的可转债。票面面值是 100 元，这意味着即使持有至到期，我们手上持有的齐鲁转债也能以 109 元的价格卖给公司。

（2）有条件赎回条款

如果在转股期内，齐鲁银行连续 30 个交易日中至少有 15 个交易日的收盘价格不低于转股价格的 130%，则公司有权按照面值加当期利息的价格赎回未转股的可转债。简单地说，就是如果齐鲁转债的价格连续 30 个交易日中至少有 15 个交易日超过 130 元，公司就有权赎回可转债。

历史上，95% 以上的可转债都是以价格超过 130 元、触发有条件赎回条款而退市的。价格超过 130 元意味着如果持有新债，我们至少有 30% 的获利空间。

从这 2 个条款可以看出，齐鲁转债的价格最终一定是 109 元或 130 元以上。在齐鲁转债到期前且齐鲁银行不退市，当它上市首日跌到 95.06 元时，只要我们不卖出并持有到退市，就一定会赚钱。这是齐鲁转债价格长期的"底"，但到底什么时候能满足这 2 个赎回条款，是 1 年还是 3 年呢？我们无法预测。

如果考虑持有的时间成本，我们就要思考它的短期价格是否能回到 100 元以上。显然，这是可以估算的。

第二，我们可以计算可转债的上市首日合理价格，预判市场情绪影响带来的短期套利机会。

预估可转债上市首日合理价格的公式如下：

新债上市首日价格＝现价比转股价（或转股价值）×

（1＋合理的溢价率）

齐鲁转债对应正股为齐鲁银行，齐鲁转债上市前一日转股价值为 72.91 元。在现有的处于上市状态的银行转债中，兴业转债、青龙转债与它的现价比转股价比较靠近，分别为 72.1 元和 71.09 元，这两只转债的溢价率分别为 42.44% 和 39.86%。齐鲁转债新上市，我们可以认为合理溢价率在 30% 左右，那么齐鲁转债上市首日合理价格为 102 元左右。

齐鲁转债上市首日价格 =72.91×（1+30%）=102.91（元）

齐鲁转债的发行量是 80 亿元，这在新债中算发行规模比较大的。齐鲁转债的发行结果公告显示，网上投资者缴款认购比例占发行总量的 55.58%。这代表散户所占比例高。一般散户认购新债都会在上市首日卖出，散户抛售会导致首日跌破发行价。假设上市首日价格跌到 95 元附近，我们就可以大量买入。等市场情绪过去，价格会重新回到合理估值 102 元左右。

综上所述，不论从短期看，还是从长期看，齐鲁转债的价格都会回到 100 元以上。我们可以在市场情绪引发价格下跌时坚定地大量买入，博取上涨带来的套利空间。

套利的底层逻辑：供需关系

齐鲁转债的套利成功在于我们对市场情绪的预判，赚到 4.39% 的差价也是因为市场供需关系的失衡。齐鲁转债的可流通规模占发行规模的 55.58%，市场上的份额太多，持有新债的人一起卖出就会形成"踩踏"，引发价格下跌。我们以便宜的价格买入这些份额，等待市场情绪恢复、价格上涨就可以卖出获利了。

生活中的套利机会也是一样的逻辑，都是因为供需关系的存在，才有了套利的空间。我们可以分以下 3 种情况来看。

第一，商品有稀缺性，稀缺带来溢价，供不应求就会有套利空间。

生肖纪念币、发行量少的邮票、隐藏款盲盒、限量发售的球鞋、正版玲娜贝儿玩偶等都是因为稀缺，市场需求比供应量大，才有了套利空间。

第二，商品价格有周期性，供应量大于需求量时价格下跌，这时买入等市场回暖，供应量小于需求量、价格上涨时卖出。

煤炭、铜、铁等大宗商品价格有周期性，房价有周期性，酒店、机票等旅游产品的价格也有周期性。周期性是指需求存在淡旺季，需求少的淡季价格低，需求多的旺季价格高。以酒店、机票等出行类产品为例，三亚的亚特兰蒂斯酒店房券在淡季时的渠道促销价可以低至 1288 元 / 晚，暑期旺季时价格会涨到 4888 元 / 晚，中间近 3 倍的差价就带来了套利的可能性，我们可以在 3000 元 / 晚～ 4000 元 / 晚时卖出。

可能有人会觉得这是倒卖，进而产生心理负担，其实这是三方共赢的事情。对酒店来说，淡季销售不好，提前促销房券可以锁定销售额，增加现金流；对客户来说，在旺季时以远低于市场价 4888 元 / 晚的价格订到房间，相当于捡了优惠；对我们来说，以 1288 元 / 晚的价格买入房券，以 3000 元 / 晚的价格卖给客户，每晚赚 1712 元，赚到了工资外的收入。

第三，商品销售渠道价格有高有低，可以理解为零售贵、批发便宜，这是渠道与供应商博弈的结果。

有些商品的零售价格高，部分用户的经济实力不够，有低价购买的需求，就产生了套利空间。专柜代购大牌护肤品就是这类需求催生的。除了正装产品，专柜代购大牌护肤品还有商场折扣、品牌会员积分、商场会员积分、赠送中小样、信用卡返现等附加权益。买得越多，权益越多。一般人自己用护肤品买不了太多，但可以作为"批发商"进行代购。代购者可以把附加权益卖出，折算成折扣，以专柜价的 6 ～ 7 折将正装产品出售给客户，这就成了三方共赢、各取所需的事情。

最小化验证赚钱逻辑后扩大规模

通过识别供需关系的失衡，我们可以找到套利机会，之后就可以快速行动以验证想法是否可行。验证了赚钱逻辑后，我们再扩大规模。

很多人一做生意就想着要先投入多少成本、购买多少设备、租个店面，再招几个员工。这一番操作下来，钱还没赚到，成本就花出去不少。这种想法是错误的，大多数人创业失败都是这个原因。创业者既不考虑投入产出比，也不考虑是否有用户需求、需求有多大、利润率有多少、用户从哪里来，就一头扎进去，最后 99% 都会以失败告终。

套利是我们普通人赚取工资以外收入的最佳方式，它成本低、花费时间少、利润可观。有些套利方式甚至不需要任何成本，需要的就是从生活中发现套利机会后快速执行，赚到钱后一点点扩大规模。例如，成功卖了一张酒店房券后验证这件事是可行的，你就可以在 1—2 月提前囤种植樱花、梨花比较多的地方的房券，等 3 月樱花季时卖出；在 4—6 月多囤三亚、成都、上海迪士尼等地的酒店房券，等 7—8 月暑期亲子游需求旺盛时卖出。

请记住，利润放大的秘诀就是最小化验证赚钱逻辑，然后上量！

小实操： ✎

....

　　仔细观察你身边的 1 ～ 2 个套利机会，研究清楚规则后快速行动，赚到第一笔工资以外的收入。

■ 好奇心：探究事物的底层逻辑，从中找到财富密码

　　经常有粉丝看完我的分享后给我发消息，说我帮他们打开了新世界的大门，很好奇我是如何做到思维这么灵活、发现生活中这么多赚钱机会的。就像大家好奇我是怎么发现机会一样，我也很好奇别人是怎么赚到钱的。与大家不同，他们仅仅是好奇，而我会探究它的底层逻辑，从中找到财富密码。

探究事物的底层逻辑

　　2020 年 3 月，我从公司离职后突然变得自由了，每个月都出去旅行半个月，有时候去腾格里沙漠看星星、去吴忠看葡萄酒是怎么生产出来的；有时候飞去成都和朋友吃顿夜宵、聊聊近况；有时候一个人去海南的清水湾躺在沙滩发呆，或者和妹妹去长隆喂长颈鹿、看火烈鸟。

　　有一次，我出门住的是快捷酒店，半夜 3 点多突然有人刷房卡打开了我的房门。好在我有挂上防盗链的习惯，那人在门

口站了几分钟，推了几下，发现打不开房门就走了。这件事着实把我吓得够呛。从此以后，我出门只住五星级酒店，至少安全上更有保障。

然而，五星级酒店的价格通常要七八百元一晚，甚至更贵。于是，我去闲鱼 App 找酒店代订。有一次订万豪酒店，卖家给的价格是 580 元 / 晚，含双早、行政待遇、房间升级等权益。讲价的过程中，卖家表示不能再优惠了，并且给我发了订单截图，图上显示付款 580 元。从订单上看，这完全是零收益。难道卖家不赚钱吗？我觉得这不可能。

遇到疑问，我就想搞清楚里面的逻辑。我花了半天时间，先查到了万豪酒店的白金等级以上会员有房间升级、送双份早餐、行政待遇等权益。此外，会员还可以享受根据订单价格送积分、每次入住送欢迎积分、每季度活动送不同的入住奖励积分等权益。万豪酒店的每 1 万积分价值 550 元左右，每晚入住的所有积分加起来大概价值 200 元；积分可转让、可售卖。原来这就是利润所在。

万豪酒店官网显示，白金会员需要每年入住 60 晚以上。普通人没有那么多出行需求，一年入住 60 晚是非常难的事情。有没有更快、成本更低的方式呢？于是，我继续探究，很快就找到了这个方式：淘宝 88VIP 会员可以开启万豪白金挑战，只需要入住 8 晚就可以升级为白金会员；如果按 500 元 / 晚计算，入住 8 晚的费用是 5000 元，成本还是挺高的。

再往下挖掘，我找到了更低成本升级白金会员的方式，从此以后就可以实现五星级酒店入住自由了。有时候，我能以

500 元 / 晚左右的价格住 JW 万豪的套房，含双早、下午茶、晚饭和夜宵。对于出差或旅游来说，性价比太高了。

这类案例在我的生活中还有很多。总之，保持好奇心，你才会想探究一件事背后的赚钱逻辑。

锻炼较强的洞察力

洞察力是一项非常重要的能力，它对我们的职场发展、人际交往、投资决策及认知事物的发展规律等多个方面都起到十分重要的作用。在日常生活中，你会发现大部分人纠缠在各种冗杂的事务中，而那些真正厉害的人总能从一团乱麻中迅速地抽丝剥茧，找到解决问题的最佳方案，这就是洞察力强的表现。

例如，他们能发现员工的工作动力不足，可能是激励不到位、对业绩指标的理解有偏差、误以为工作只是为公司赚钱而对自己无益等，再有针对性地解决问题；他们能及时把握市场机遇、判断趋势，并且坚定不移地朝正确的方向前进；他们能抓住消费者未被满足的需求，迅速找到解决方案，开发合适的产品以满足其需求。

我自己算是一个洞察力比较强的人，能够快速发现事物的底层逻辑，找到最优的实现路径，也能在与人交往中凭细节判断哪个切入点可以实现共赢，感受到哪些人是与我同频的，哪些人要远离。

关于提升洞察力，我有以下几点建议。

（1）深度思考，看问题不能只看表面和局部现象，而要透过表象看根本问题，再从根源找解决方案。

（2）遇到未知事物时，多渠道收集信息后再做出自己的判断，正面信息和反面信息都要看，综合整理信息后尝试以验证自己的判断。

（3）做一件事前，要从战略和全局上考虑问题，先定方向，再定目标，最后拆解目标实现路径，想清楚后就快速行动，拿到最小化结果后再不断迭代优化。

（4）对细微的变化和环境保持敏感度，及时决策以应对变化。只要对方向没有影响，就不要慌，先理性思考。

我通过 9 年对投资的深入学习，锻炼了多方位思考问题和洞察事物本质的能力。判断一家公司值不值得投资时，只有从宏观的国家政策、行业发展阶段、公司财务状况、市场估值和情绪等各个方面进行思考，才能做出决策。

学习投资也让我看到了各种各样的商业模式，那些上市公司都是因为充分验证了业务模式并获得利润以后扩大规模，才成了如今市值高达几十亿元、几百亿元甚至上千亿元的样子。有发展好的公司，也有因为经营不善连续亏损而退市的公司，这些案例提醒我在创业时要谨慎，不能好大喜功，不要犯过于冒进的错误。

我真心建议每个人都花时间学一学投资，它是一件值得花一辈子学习的事情。赚不赚钱倒是其次，更重要的是它能让我们看世界的方式变得不一样，可以看得更高更远。

小实操：

请想一想，自己对什么事情比较好奇，去探究它背后有没有赚钱的机会。

执行力：赚钱无秘密，全靠执行力

"赚钱无秘密，全靠执行力"，这是 2020 年我写在书桌前的一句话，后来被我所有的学员铭记在心。为什么执行力如此重要呢？因为在掌握了赚钱的方法和信息源后，决定你能否赚到钱、能赚到多少钱的最关键因素便是执行力。

我的学员 H 在了解到可转债打新是一种低风险、高收益的套利方式后，立刻把自己学到的内容讲给老公、闺密、父母听，希望身边人能支持她开立 10 个证券账户，参与打新债，并承诺把 30% 的利润用于年终时给大家发红包。

很快，她在一个月内就教会家人开通了购买可转债的权限。每到有新债的日子，她就在家庭微信群提醒家人打新。几只新债上市都赚了 30% 后，她有了充足的理由说服更多身边人参与这件事。一年后，她成了熟人圈子里的"理财小能手"，不仅带大家赚到了近 10 万元，而且让大家获得了更多机会。

另一个学员 S 在学会可转债打新后注册了券商账户，开通了购买可转债的权限，三天打鱼、两天晒网地打新债。每当别人在新债上市赚了钱时，她都会出来酸一句："好羡慕啊，我一年都中不了两只。"她嘴里说着要让老公也来参与，放假回家就发动爸妈和弟妹，却迟迟没有任何行动。

由于可转债中的小规模债被游资爆炒，证监会在 2022 年 6 月 18 日发布了可转债新规，提高了开通可转债购买权限的门槛，从任何人都可以开通变成了需要拥有 2 年的股票交易经验和前 20 个交易日的日均资产高于 10 万元才可以开通。这 2 年的交易时间是一道越不过去的鸿沟，S 至今都后悔不已。

S 不知道这种套利方式具有低风险、高收益的特点吗？不是，她的认知没有问题。她悔就悔在执行力太弱，以为所有机会都在原地等她，什么时候想拿都可以。但是，所有赚钱机会都是有窗口期的，尤其是套利。

没有赚钱的"永动机"

任何一种特定的赚钱模式，如果其回报高于市场平均回报水平，就会存在某种无效性。因为这种赚钱模式的高收益率必然会被更多聪明人发现，当其承载了太多的人和资金时，竞争就会加剧，利润下降，最终导致这种赚钱模式变得不赚钱，甚至亏损。

就如同 2019—2021 年的港股打新，因为赚钱效应太过强烈，只要策略得当，平均年化收益率可以达到 100% ～ 150%，导致参与者数量从原本的十几万户激增至 100 多万户。散户拿到的筹码多，新股上市时抢着抛售导致新股破发；新股破发会引起市场的恐慌情绪，越来越多人跟着抛售股票，股价继续下跌，如此恶性循环导致亏钱效应放大。所以，在套利上永远不可能存在赚钱的"永动机"。

一个优秀的低风险投资者会在自己的赚钱模式开始退潮时寻找新的赚钱模式，并在验证过新赚钱模式的逻辑后加强执行力以快速获取利润。

如何提升执行力

王阳明说："夫学、问、思、辨，皆所以为学，未有学而不行者也。"这句话的意思即学习、询问、思考、分辨都是为了学习某件事，而要想掌握这件事，光学不做是不行的。

想，都是问题；做，才是答案。很多人在开始做之前都会列出一堆困难，找好退路和借口，在心理上暗示自己这件事如果做不成功，不是因为自己不努力，而是因为客观上有困难。

2023 年 2 月初，我在社群分享如何靠套利赚到第一桶金，结果有人说："我研究了一下，那些年入百万元、千万元的大佬看起来是和我们一样做业务，但他们在'水面'以下有比我们大部分人更好的资源，最关键的是他们请了很多助理替自己处理最低级、重复的工作，大佬们只负责站在台前曝光、学习、向上营销。否则，一个人单枪匹马地在一个赛道深耕，是不可能有大回报的。"

这话说得多么冠冕堂皇，其隐含的意思即"之所以我不成功，是因为我没有资源、没有助理；有了这些，我肯定能成功"。殊不知，他忽略了两件事情：第一，抛开原本就家境非常殷实、依靠上一代财富的那一类人，真正靠做业务、自己赚到这么多钱的人，也都是从零开始、白手起家的；第二，一个阶段有一个阶段的重点，在我们没有资源甚至什么都不会的阶段，要想赚到钱就必须付出时间和执行力。

下面分享几个我总结出来的方法，可以让你从思想上的巨人、行动上的矮子变成一个有超强执行力的人。

（1）轻松开局，减少阻力

很多时候，你迟迟不行动的原因就在于提前给自己预设了阻力，时间都花在了内耗上。你可以尝试以下技巧。

第一，从最简单、最容易的地方开始。把复杂任务拆解成一个个毫不费力就能完成的简单任务，减少抗拒心理和行动的阻力。

第二，1 分钟法则，先动起来。只要动起来，你就会沉浸在做的过程中，最难的是开始那 1 分钟的勇气。你可以在行动的过程中纠错，而不是等到什么都准备好了再行动。

（2）降低期望值，减少焦虑

大部分人的问题是在开始前给自己定了一个太大的目标，太强的得失心反而会导致自我否定。我们要对自己宽容一点，肯定自己的每一点小进步，重过程、轻结果。

（3）制定计划，拆解目标，正向激励

你可以把大任务拆分成一个个小任务，规划好行动路径，完成一项就划掉一项，清空大脑后只想当下的事情；也可以列出不马上行动就会造成的损失，写下马上行动就可以获得的好处，时常回顾。

如果反馈周期太长，你就很难坚持下去。这时你可以给自己设定一些小里程碑，每完成一小步就给自己正向激励，如看电视剧、吃零食、打游戏等。

因为相信，所以看见

在过去 3 年的对外分享中，我发现很多人无法行动的原因是"看不见"：看不见坚持做一件事带来的好处，看不见身边的赚钱机会，看不见别人的需求。而之所以"看不见"，是因为"不相信"。

在生活中，大部分人是先看见，然后抱着质疑的态度围观，反复看见后才相信，接着才会想着行动。但是，这时往往已经错过了最佳入场时机。

2022 年初，微信团队决定加大对视频号的投入，给予内容创作者流量倾斜。那时有一批嗅觉敏锐的人开始从其他平台搬运或自行剪辑零食、抹布、小家电等生活类产品的视频，挂上商品链接，只要有人下单购买就可以获得返佣。新手坚持做 1 个月以上，每月赚到 5000 元以上是比较容易的事情。

很多人看到了平台集中出现的带货视频后也想做，但又觉得找素材、剪视频太麻烦，还不一定能有收益。当看到越来越多的带货视频产生爆款、订单量越来越多、自己想要参与时，平台已经不再给予流量扶持。而且，入场的人越来越多，想要获得收益就要拼能力了。

拼能力已经算是比较好的情况，虽然难一点，但至少还有机会。很多时候是当你想行动了，机会却已经消失不见了。"所有的赚钱机会都有时间窗口期，先来的吃肉，后来的喝汤，再晚来的连汤都没有了。"这是我经常对身边人说的一句话。

2022 年 2 月，我在知识星球分享了一个套利机会。由中信银行和百度联合发起设立的第一家国有控股互联网银行——百信银行成立。百信银行推出了各种活动以吸引新用户，只要买入 10000 元的货币基金且持有 40 天，各项活动福利和基金收益加起来可以达到 300 元，40 天的收益率是 3%，折合年化收益率是 27.38%。此外，也有档位更高的选择：买入 20 万元货币基金并持有 40 天，各项活动福利和理财收益加起来有 1700 元，年化收益率为 7.76%；如果将 20 万元分散到 20 个账户，那么收益有 6000 元，年化收益率为 27.38%。

一小部分人看到我分享的信息后立刻行动；也有些人怀疑其安全性，质疑这个平台是不是骗钱的；还有些人想着下班后再行动、把孩子哄睡觉了再行动，或者等周末休息了再行动。但时间不等人，因为收益太高、活动太火爆，不到 48 小时就结束了。参与的人庆幸自己行动够快，没来得及参与的人只能一边羡慕、一边后悔自己为什么毫无执行力。

最近 3 年，我见过很多人因为不相信而看不见机会，看不见也就不会有行动，一次次地错过机会，一次次后悔得拍大腿。错过的次数多了，才会想要提升执行力。

可能很多人认为"不相信"是因为自己见过的世面少。见世面只是一个因素，更重要的因素是认知不足，理解不了事物背后的底层逻辑，也就无法判断其价值。看不到价值，当然就更不会去行动了。

小实操： 🖉

··

你想通过套利每月增加多少收入？请列一个行动计划。

◢ 案例：30 岁单身女青年如何在辞职后靠套利赚到 50 万元

2020 年 12 月，丹宝马上就要 30 岁了。她按部就班地做了 10 年的财务工作，每月拿 7000 多元的工资，每到月末和年末还要熬夜加班做报表。30 岁前，她怎么也没有想到自己在这一年会过上曾经想也不敢想的生活。

她和我认识很多年了，见证了我从一个小编辑成长为互联网公司运营总监。后来，我开始学投资、创业，她看着我收入快速增长，但从未想过问我到底应该怎样提升收入。

2017 年，我俩一起买了 460 元的贵州茅台股票。我信奉价值投资，凡是买卖都要有逻辑。她热衷于炒短线，虽然对股票一窍不通，但也玩得不亦乐乎。每次看到她大跌"割肉"、大涨追高的操作，我就忍不住要跟她讲一些我认为正确的投资观念，可她总是一副"我不听，我不听"的样子。就像她说的，在

2020 年之前，我对她一直是恨铁不成钢的，因为无论我说什么，她都认为我在给她灌"毒鸡汤"。

赚钱无秘密，全靠执行力

2020 年"双十二"那天，她来我家玩，恰逢我第一天开始用京东 Plus 会员抢 53 度飞天茅台酒，我逼着她也开了京东 Plus 会员和我一起参与抢购，结果她当天就中了两瓶。第二天，京东物流送货上门，我们把酒卖给了南京本地的收购商，赚到了2800 元。看到了实实在在的收益，她才开始意识到我平常对她说的都是真的，不是"毒鸡汤"。

大部分人都是因为看见才相信，丹宝也是其中一员。有了正反馈，她突然有了源源不断的动力和执行力，开始找身边的同事借京东账号，给同事充值京东 Plus 会员，赚了钱就给对方发红包。可能是因为乐于分享带来的好运气，这一年她陆陆续续中了 70 多瓶 53 度飞天茅台酒，赚到了她一年的工资收入。

那时候港股打新市场火热，我总结了自己在港股打新方面的经验，做成了 3 天的训练营，丹宝成了我的第一批学员之一。在茅台酒套利上尝到甜头以后，她的执行力提升了很多。凡是我认为可以申购的新股，她都会努力抢新股额度。2020 年 12 月—2021 年 8 月，她中了十几只新股，赚了 14 万元港币。

和丹宝一样跟着我在港股打新上赚到少则数万元、多则上百万元的学员有八九十人，我给他们讲港股打新赚钱的底层逻辑，怎样才能实现利润最大化。我们只有明白了原理，看见了收益，才能克服万难参与其中。但很遗憾，不到一年时间，因为政策变化，港股市场悲观情绪蔓延，新股频频破发，这个套利机会已经不可持续了。

还是那句话，所有赚钱的机会都有时间窗口，所以提升执行力才是自如应对市场变化、持续赚到更多钱的秘诀。

"赚钱无秘密，全靠执行力"，这原本是我写在书桌前勉励自己的话，如今已经被我的学员牢记在心。

套利的正反馈给了她辞职的底气

丹宝在我的知识星球中被大家戏称为"羊毛头子"，大家都觉得她思路灵活，熟悉各种"薅羊毛"、套利的信息和渠道。但大家不知道的是 2021 年 1 月前的丹宝还是"榆木脑袋"，只有工资这一个收入来源。

2021 年 1 月，我开了第一期课程，帮助学员搭建正确的投资框架，掌握赚钱的底层逻辑和更多开源节流的思路，增加工资以外的收入。丹宝曾自诩有 10 年财务管理工作经验，觉得理财是一件不用学的事情。学完这门课，她推翻了自己 10 年财务管理工作经验带来的自信，发现了自己的认知是有偏差的。从学完这门课开始，她就像打通了任督二脉，满脑子都是赚钱。有时候我们开车出门，聊起某件事情，她会兴奋地跟我说："这件事我觉得可以这样操作……那个运营逻辑是这样……"我很惊讶，她怎么突然像换了个脑袋一样。

在深入学习之前，她看不上可转债这个投资品种，觉得每次只赚几元、十几元，就放弃了。但市场是变化的，在 2021—2022 年的可转债牛市中，投资者可以轻松达到 30% ～ 40% 的年化收益率。了解了背后的逻辑后，她发现可转债太适合普通人了。

在市场上操作时，她也学着克制自己"追涨杀跌"的心态，记录自己的买入卖出逻辑，及时止损和止盈。2021 年，她在 ST 舍得、比亚迪上都赚到了翻倍的收益，也在其他龙头企业[①]上赚到了 20% ～ 50%，投资心态更稳了。

---

① 龙头企业是指对同行业的其他企业具有很深的影响、号召力和一定的示范与引导作用，并对该地区、该行业或国家做出突出贡献的企业。股市中的"龙头企业"一般指在同行业中市场占有率最高的公司。

在实物套利方面，从第一次茅台酒套利打开了认知后，她又深挖了纪念币、手机、盲盒、鞋子等套利机会的信息和资源，都获得了非常可观的收入。

2021年6月，她从公司辞职了。她说："如果是以前，我可能会继续忍受下去，毕竟工作不好找。但现在我完全不怕了，套利和副业产生的收入比我工资收入高太多了，它们是我'裸辞'的底气。"

这是丹宝2021年的成长故事，因为看见了收益，所以愿意尝试改变，观念和认知的升级让她意识到当机会来临时必须保证执行力到位。现在，她通过自己的努力成了我的助理，和我一起帮助更多女性建立正确的金钱观，提升赚钱能力，让生活变得更加积极向上。

第6章

个人影响力：

无限拓展你的人生宽度

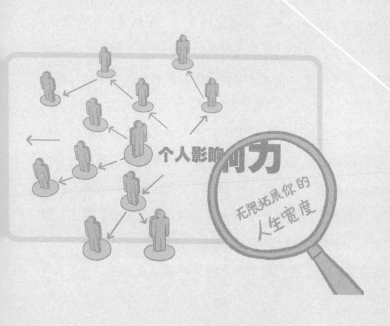

影响力：个人成长的放大器

我们再回顾一下自由人生公式。

自由人生＝主业＋副业＋投资＋套利＋个人影响力

在我离开职场之前，这个公式只有主业、副业、投资和套利4个元素，我甚至从未想到过"个人影响力"这个词。那时候，我每天思考的都是怎样提升公司的营收，通过哪些运营手段提升用户的付费转化率。

"裸辞"后的第一年，我输出的文章、价值观、生活方式、课程等被更多人看到，上千人因我而发生改变，他们的生活变得更积极、更阳光。我才意识到影响力真的太重要了，它就像投资中的杠杆，能加快我的成长速度。

个人影响力的多少，决定了我们人生的高度和宽度。如果说主业、副业、投资、套利这4个技能的提升带给我们的是线性的成长，那么个人影响力带给我们的就是指数级的成长。同时，在自由人生公式中，个人影响力可以赋能主业、副业、投资、套利4个方面，起到事半功倍的效果。

在主业方面，强大的个人影响力能让你在领导、同事、客户中获得好的口碑，比默默无闻的人更容易获得职场机会；在副业方面，它能吸引同频的伙伴和用户，助力你的副业发展成第二曲线；在投资方面，它能在"钱"这个人们心目中比较敏感的事情上帮助你获得信任和更多的支持；在套利方面，你能做得更得心应手，比别人起步更快。

我认为，个人影响力的核心主要体现在两个方面：一是被喜爱，二是被尊敬。二者最好处于天平的两端：只有喜爱，没有尊敬，会让人忽视你的意见；只有尊敬，没有喜爱，则会让人产生距离感，无法靠近你。

（1）被喜爱

被人喜爱的特质有哪些？亲和力强、情商高、有爱心、逻辑清晰、积极热情等都是，每一个要展开都能讲很多。亲和力强、有爱心、逻辑清晰、积极热情比较容易理解，但情商高往往是很多人容易忽视的点。

哪些行为显得你情商高？互惠互利、先付出后要求、情绪稳定、为别人考虑等都是。下面列举几个我自己的小案例。

2019 年，我的上级领导（公司副总裁）因故暂离岗位 3 个月。某个周日，我听说他明天要回归岗位了，我立刻从床上爬起来，花 6 个小时整理了他离开后几个月内所有的运营数据、大事件时间轴，配上每件事发生的原因、过程、结果、迭代情况，以及他管辖的事业部的人员变动情况，并在当晚发送给他，让他可以提前了解、快速掌握这段时期的工作情况。

2020 年 10 月，我去上海参加一个线下活动，提前约了从未见过面的同学吃饭。我下了高铁后，同学发来消息说有另一个朋友在，那个朋友是一位女生。我马上查了去目的地的路上哪一站有百货商场，下车去商场挑了 YSL 口红和一盒手工巧克力，分别送给她俩。后来，其中一位成了我的第一个助理，在我创业早期一个人单打独斗的阶段，她帮我分担了很多琐碎的工作。

2022 年，我的业务入驻视频号小店，需要做 ICP 备案。我的老师向我推荐了专门代办知识产权相关事宜的小伙伴双双，她的团队帮助我解决了 ICP 备案的问题，全程不需要我花时间和精力。办好后的半年内，只要听说有人需要做 ICP 备案，我就推荐双双的团队，陆续给她们介绍了 20 多个客户。同样的事情还有很多。

以上事情无论出于什么目的，都可以归结为利他。利他不是功利性地付出以要求对方给予回报，而是站在自己的出发点真心为别人好。有些人会计较自己的得失，不愿意提前付出，不愿意为别人考虑。这样的人格局太小，很难在自己所处的领域获得成功，就更别说建立影响力了。

（2）被尊敬

缺乏影响力的人很难在社交关系中掌握主动，赢得他人的认可。其结果就是与他人格格不入，独来独往，需要帮助时没有人愿意伸出援手。

很多人认为自己恐惧社交，站在人群中会全身不自在，是不是就和影响力绝缘了？这是一个思维误区。影响力与我们是否喜欢和他人交往没有关系，而与我们为人处世的方式、对外展现的个人特质、能否获得他人的信任相关。我也算是对社交有恐惧感的那一类人，需要很多的时间独处。如果超过一周没有独立思考的时间，我就会焦虑。但是，这并不妨碍我成为一个有影响力的人。

2020 年 5 月，我报名参加了一个线下的运营课。教室里一共 30 多人，分组时我默默地坐在最边上的角落，不说话，也不社交。因为除了老师以外，我不认识其他人。

在场有一半的同学不是运营行业的人，老师在互动的过程中问到运营专业相关的问题，几次都没有人能答出来。冷场时，老师就点名问我。我都对答如流，并且提出了自己的观点。

在小组实操环节，我们需要设计一个产品，并阐述这个产品针对的用户需求、用户人群、设计思路、变现路径、项目分工和后续的拓展可能性。眼看着只有 15 分钟就要上台宣讲了，我们小组还有分歧。我立即拿起笔开始写，在最后 1 分钟写完停笔。

下课后，在场的一位培训机构负责人找到我，请我做他们公司的运营顾问，解决业务增长问题。

这是我接到的第一个企业咨询项目。后来，我问他：“我在课上闷不吭声，你为什么选择找我合作？”她说：“在场的很多人都觉得你坐在角落里不起眼，但是一张嘴就气场全开，让人无法忽视你的专业度。"

从这个案例可以看出，展示专业度是被人尊敬、获得更多影响力的有效途径。

除了专业，权威、自信、有原则、可信赖、知行合一也是容易获得别人尊敬的特质。这些特质需要依托载体来呈现，我们对外输出的文字、视频、音频、做过的事情、结果等都是构建影响力的一砖一瓦。

在过去十几年，我能在职场上走到"天花板"，实现年收入过百万元，还能在创业中拥有多重身份，有一群人愿意跟随我的脚步往前走，都是因为我拥有这些特质，在自己所处的领域有一些影响力。

小实操： 🖊

请仔细思考，自己具备哪些构成影响力的特质？

▶ IP 思维：把自己当作公司来经营

如何提升个人影响力呢？我认为关键是要具备 IP 思维。

对于 IP 思维，我的理解是把自己当作一个独立的个体来运

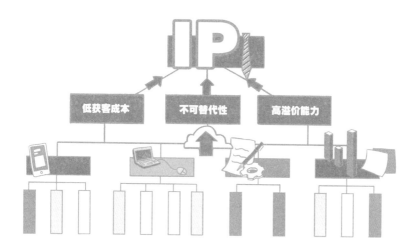

营。我不是谁的员工、谁的妻子、谁的女儿、谁的客户，我是拥有独立人格、可以对外展现人格魅力的个体。

我们对外展现的所有特质构成了我们的个人 IP。通常来说，个人 IP 是指在某个细分领域具有专业能力和独特价值观的有影响力的个体。这句话的落脚点是"影响力"，个人 IP 是我们对外显化的综合形象。通过打造个人 IP，最终实现个人影响力的提升。

我们不是为了卖东西、变现而打造个人 IP，我认为这是一个自我觉醒的过程，是找到自己、分享自己并影响同类人的过程。影响我走上个人 IP 这条路的小马鱼老师说过一句话："个人 IP 的开始是自我觉知，把你的价值观传播到茫茫宇宙之中，像一束光一样，让人看到并慢慢靠近，彼此再也不用在黑暗中踽踽独行。"这句话很好地诠释了近 3 年来我在打造个人 IP 之路上的感受和心境。

不过，我还要强调一点：打造个人 IP 不是目的，产生持续的影响力才是目的，个人 IP 只是影响力的显化形象。

（1）对职场人来说，个人 IP 能够增强自己的不可替代性

很多职场人缺乏打造个人 IP 的意识，怕出风头，怕被领导看见。但是，作为公司的普通员工，没有势能、不被看见，还能指望升职加薪吗？个人 IP 的打造可以融入职场的各个方面，例如，让领导认为我积极主动，让客户认为我专业，让同事认为我靠谱，让下属认为我公平。

我的学员小 W 在公司是一个"小透明"。有一年过生日，她收到了公司领导的祝福信息。她很惶恐，不回信息显得不礼貌，回信息又碍于自己和领导之间隔了几个职级，不知道该使用怎样的语气才合适。我问清楚她所处的职场环境后，教她从三个方面写回复信息：一是看见并肯定领导想激励员工的目的；二是夸奖并拥护领导；三表达忠心及向上的决心。

从这三个方面出发，我给她编辑了下面这样一段话。

哇，太惊喜了，感谢领导的祝福！

（看见并肯定领导想展现亲和力的努力。）

工作中，我一直以您长远的目光和大局观为榜样。希望在您和 X 总（小 W 的直接上级）的带领下，有一天我也能成长起来，帮助公司承担更多责任。

（夸奖领导，拥护上级，表达想在职场进一步发展的决心和忠心，愿意承担更多责任，但不露锋芒，希望自己成长起来的时候能够被看到。）

有了领导的祝福，我感觉干劲十足！也祝您生活幸福、万

事顺意！

（不仅看见了领导在激励员工方面的努力，还给予正向
反馈。）

领导收到信息后回复了一句："我们一起努力，加油！"还
发了两个单手握拳的表情。

这样一段得体的表达给小 W 的领导留下了深刻的印象。发
完信息后的几天内，领导通过各方询问了小 W 的工作情况，也
许就此小 W 会多得到一些"被看到"的机会。

小 W 这样的情况不算个例，我刚工作的那几年也只想做
"小透明"，不知道如何向上管理，如何与同事相处，只是凭自
己的本能提升专业能力，在多方协作中寻找共赢的方案，推动
目标的达成。我直到升任总监后才发现，要想让公司向我的部
门倾斜资源、保证我的下属在跨部门合作中不被欺负、年底为
部门争取更多的奖金，就必须建立个人 IP 和影响力。

如果能回到过去，我希望自己能早点形成打造个人 IP 的意
识，最好在不着急变现时开始积累。没有生存压力带来的焦虑，
目的性也不会太强，更容易获得用户的认可和信任。

（2）对创业者来说，个人 IP 能让获得种子用户的成本更低

很多人启动项目前会先想怎么花钱购买流量，买来流量再
想怎么转化。这种想法是错误的，钱还没赚到就先投入了大量
的成本，失败的概率也很高。这是大公司快速占领市场的打法，
不适合普通的创业者。

如果能提前打造个人 IP，我们就能在项目开始前找到志同

道合的人，在启动项目时自然地吸引种子用户，成功的概率自然也会更高。我的两次创业都是这样起步的。

第一次创业前，我在某课程上表现突出，不仅带着小组成员获得了小组第一，而且自己也成了全班第一。因此，我吸引了有创业想法的同学来合作，分析完用户需求和可行性以后，我们一拍即合。

第二次创业时，与其说是我主动开启项目，不如说是被用户推动的。在社群里交流时，我分享了自己在职场和投资上的一些成功经验，做了很多利他的事情，在用户的呼声中开始做咨询、分享、课程、建社群等，再从用户的反馈中开发更多满足他们需求的产品。好的口碑给我带来了更多用户，形成了正向的循环。很多创业者采用的都是这种方式，它与先创业做产品、再找用户做转化相比会更轻松，也更容易成功。

（3）对自由职业者来说，个人 IP 能带来更高的效率和更强的议价能力

离开职场前，我对个人 IP 没有概念。当时，我理解的 IP 就是网络小说、影视剧等内容型产品有了各种版权，形成了 IP 运营的产业链。我在创业前的一年多时间里把自己当作自由职业者，不过是比按时间获得报酬的翻译、手工制作者多了一些 IP 属性、议价能力及信任成本更低。

随着我输出的内容越来越多，我发现很多人购买我的产品时并不需要售前服务就直接下单了。他们通常在与我沟通之前，就已经花一天时间看完了我的所有公众号文章。甚至有人翻看

了我近 5 年的朋友圈，发现我知行合一后就产生了信任。在与人合作的过程中，我不需要反复地试探、谈判，成交路径缩短了。而且，我不接受讨价还价，个人 IP 无形中帮助我提升了议价能力。

对自由职业者来说，时间和心力是最重要的。很多自由职业者只是看起来自由，但是缺少平台的支撑，依然只能受制于甲方，既焦虑又容易受委屈。而有个人 IP 的自由职业者，其信任成本更低，时间效率更高，议价能力也更强。

具备 IP 思维的人通常能把自己当作一家公司来经营，时刻关注这家公司的投入产出比、资源丰富度、变现效率等关键指标，时刻保持公司的增长。关于如何用一张商业画布展示这家公司的全貌，请阅读 6.4 节。

在做个人 IP 的第一年末，我总结的关键词是"找到自己"。打造个人 IP 和影响力的过程能让我们更清晰地认知"我是谁""我能给别人带来什么价值""我想成为什么样的人""我的认知和行为边界在哪里"，这样清晰地认知自己比在职场浑浑噩噩地度日要更好。

总之，无论你处于哪个人生阶段，我都希望你能尽早具备 IP 思维。

小实操： 🖉

· ·

你现在处于什么人生阶段？请思考如何将 IP 思维运用到自己的生活中。

选择 IP 方向：找到热爱，从做"斜杠青年"开始

一提起个人 IP，大家就会想到副业、第二曲线。我认为三者之间有重叠的部分。副业经过时间、精力的灌溉，可以发展成第二曲线；从第二曲线中找到使命感，就可以打造出长远的、一辈子的个人 IP。

在副业的选择上，人们往往会选择从最容易的那条路开始，先赚到钱，有了正反馈，才有坚持下去的动力。但在 IP 方向的选择上，我们应该倾向于选择更长远的路，而不是满足于短期赚点小钱。

3.1 节讲过，选择副业时最好瞄准擅长的事、热爱的事、对别人有价值的事和赚钱的事四者交汇处的"甜蜜点"。这个理论同样适用于对 IP 方向的选择。

能找到"甜蜜点"固然是最理想的情况，但大多数人忙于工作和家庭琐事，天天奔波在公司和家之间，既不了解自己，也不了解市场，更不知道什么是自己热爱的事，要找到"甜蜜点"并没有那么容易。

IP 方向对别人没有价值，就很难找到受众；有了受众但不赚钱，也无法坚持下去；对擅长的事不热爱，就会消耗自己，直到你因坚持不下去而放弃。这是一个自我探索的过程，旁人无法帮忙。虽然这个过程会很煎熬、很痛苦，但是能体验这个探索自我的过程，已经比每天浑浑噩噩地度日要幸运很多。至

少你在努力地寻找人生的意义。在探索的过程中，你不要什么都不做，而是要先小步行动起来，用最小成本积极试错，再快速迭代。

很多人觉得自己没有任何特长，也没有闪光点，不知道从哪里入手。我的建议是从自己的兴趣爱好入手。你可以做如下设想。

做什么事情时，自己能够心无旁骛地沉浸进去，达到心流状态？

做什么事情时，自己不用费太多力气就可以做得比旁人更好？

做什么事情时，即使受到别人的打击，自己也可以调整情绪继续坚持？

做什么事情时，即使没有报酬，自己也乐在其中？

跟别人聊到什么事情时，自己眼里闪着光？

人生每个阶段的兴趣不同，你找当下的兴趣就好。例如，我在14—21岁时喜欢写青春小说。即使有人告诉我"你没有天赋"，我也不放弃。勤能补拙，有天赋的人花3小时写出来就能通过发表机构审核的文章，我花20小时写。舍得付出时间和热情，总会有收获。24岁以后，我从对投资的学习和实践中获得了更多的正反馈。很多人对我说，我在和他们聊到投资时眼里在放光，而且在研究可转债规则、行业和公司信息时丝毫感受不到时间的流逝。这就是兴趣的力量。

如果兴趣只是停留在浅浅的喜欢层面，就不会生根发芽，无法成长为我们长久坚持下去的事业。兴趣需要我们投入时间、精力去滋养。既然要做，就要尽我们所能做好。

喵九的主业是公司会计，她很喜欢一位作者的插画。这位作者开了线上的插画培训班后，她马上报名了。最初，她只是想靠近自己的偶像。为了在偶像讲评作业时得到夸奖，她每天下班后都会熬夜画到凌晨一两点钟。

投入的时间越多，她的技术提升越快。学完基础的部分，她又报名学习进阶技法，从给用户画 30 元一张的 Q 版头像开始，发展到 600 元一张的商业插画、8000 元的商品包装，再到 5 万元的品牌吉祥物设计。

过了 5 年时间，在她的插画副业收入超过主业收入 5 倍以后，她辞掉了工作，专心从事插画事业。

我们可以有很多兴趣，从众多兴趣中挑一个投入时间和精力，持续地深耕，最终完成变现。但是，我们也不要放弃其他兴趣。我们不用功利地要求它们一定产生收益，只要单纯地喜欢就行了，用它们滋养前者。

小实操： 🖉

请列举自己的兴趣爱好，并思考哪一个可以成为自己主攻的方向。

突破心理卡点：谈钱不俗气

我们从小被"谈钱很俗气，谈钱伤感情"这样的观念裹挟。那么，我们靠自己的智慧和劳动赚钱，挺正常的事为什么会伤感情呢？因为在大众认知里，大多数人谈钱时都诚意不足，总想着占别人的便宜，当然伤感情。如果大方地谈钱，不抱着占别人便宜的心理，不仅不伤感情，还能促进感情。

商业的本质是交易，交易的本质是价值交换，价值交换的原则是共赢，共赢则是建立良好关系的基础。我付出价值，你付出金钱，才会有更进一步的关系；否则，我的劳动没有得到应有的回报，心受委屈了，人也就离得远了。

我的学员小 H 是保险经纪人，她在小红书分享如何挑到适合自己家庭的保险产品，吸引了不少人前来咨询。她对每一个人都提供免费的咨询，花费大量的时间沟通需求、分析体况、做方案，找不同的保险公司争取对客户最好的核保结果。在同一个客户身上，她往往要花费少则几个小时、多则二十几个小时的时间。但是，她没有拿到好的结果，成交的客户只有不到30%。有些人觉得反正是免费的，不咨询好像自己损失了很多。还有些人把她当作比价工具，拿着她的方案找别人买保险。

她很委屈，来找我说："老师，为什么我花了那么多时间为客户找适合他们的解决方案，他们却连一句感谢也不说就走了？我是不是不适合做这行？"

不敢开口谈钱，不仅让她丢了客户，还让她开始怀疑自己，丢了对工作的自信。我建议她只给每个人 20 分钟的咨询时间，简单聊一下客户需求，直接表明如果要出具体方案就需要付 500 元咨询费，下单后退回，不下单就不退。

两个月后，小 H 再也没有因被占便宜而产生情绪内耗了。因为收了咨询费，她更尽心尽力地为客户服务，获得了客户的一致认同，而且拿到了入行以来最好的成绩。

我刚开始做个人品牌时，也有过羞于谈钱的经历。经常有人来找我聊找工作、职场晋升、投资等方面的问题，我也乐于从他们身上总结共性的问题。找到问题并解决问题对我来说是很有趣的事。但有时候，对于一些本来没有时间应对的聊天，我也不太好意思拒绝。

后来，我发现这是不对的。不拒绝意味着有一方要妥协，要心不甘、情不愿地付出。次数多了，就不想继续这段关系了。在一次跟朋友聊完向上管理的问题后，他主动付了 299 元。他说："你给的建议对我帮助太大了，为什么不做收费的咨询呢？"我才意识到，之前的免费帮忙不是因为朋友们没有能力和意愿付费，而是我没有对外发出"我有付费产品"的信号。与其妥协，不如大大方方地介绍我有哪些付费产品和服务。这样我就能够筛掉一些不愿意付费的人，节省时间和精力，花在更值得的人身上。

我的很多学员在刚开始建立个人品牌时也不好意思谈钱。不敢谈钱，收入就上不去。

很多时候，我们不敢谈钱，与自己内心的卡点有关系。

（1）不好意思谈钱，背后的心理是自我价值感不足。

（2）不敢定高价，是因为无法帮助客户解决更高价值的问题。

（3）不舍得花钱，是因为自己的"配得感"不够。

在个人品牌方面，一个人能赚多少钱，与两件事有关：一是你是否有很强的自我价值感；二是你能否帮助客户解决更高价值的问题。

如果连自己都不觉得自己有价值，就没有办法通过为别人提供产品和服务赚到钱。小时候，如果父母或老师对我们有过打压式的教育，也会影响自我价值感的形成。

我妈对我的教育是打压式的。印象最深的一次是刚毕业那年，我打电话告诉她我进了百度公司的第二轮面试，岗位年薪10 万元。我妈说："百度怎么可能要你？"一盆冷水浇得我透心凉。后来，我很恳切地跟她谈了一次，说她这些年的打压给我带来了自卑感，我希望她在我有成绩时能鼓励和夸奖我。从此以后，我妈再也不说那些泼冷水的话了。

要想提升自我价值感，我们可以从两个方面努力：一是接纳自己，我们都不完美，但可以努力变得更好；二是收费帮助别人解决问题，金钱和他人的感谢不仅会带来能量的回流，还能积累案例。在朋友圈分享案例和用户痛点，吸引其他有同样需求的人付费咨询，在如此的正向反馈中提升自我价值感。

对于能否帮助客户解决更高价值的问题，我有很深的体会。我的个人咨询价格从 799 元 / 小时涨到后来的 1699 元 / 小时、2999 元 / 小时，就是因为从帮助客户解决求职、职业规划问题到帮助互联网公司员工改善晋升述职表现，再到给中小企业 CEO 解决营收增长问题。

价格上涨的背后是你能解决的问题价值更高。现在，我最贵的 C 端产品是 20 万元 / 年的运营陪跑服务，帮助客户解决设计商业模式、让他年收入增长到 200 万元以上的问题。花 20 万元换来 200 万元的收入，客户是愿意的。

如何突破心理卡点，提升赚钱能力呢？我建议大家尝试以下几种方法。

（1）相信自己产品的价值

从收费解决小问题开始，再将服务产品化，搭建自己的产品矩阵。

（2）不预设别人对我们的内容不感兴趣

不提前预设困难，束缚自己的脚步。他人是否感兴趣是输出以后的事情，不输出就永远不会被看到。这一点其实是因为不了解用户需求。多与用户聊天，走到用户中发现痛点，做出符合用户需求的产品，自然就不会有这方面的担心。

（3）学会销售自己

把自己当作一款产品来运营。既然是产品，就要有卖点、有目标用户群体、有销售策略。提高表达能力，让别人接受你的卖点并付费。

在这一节的最后，我有一句话想要分享给你：谈钱不俗气，我们都值得拥有更多的财富。

小实操： ✎

· ·

请把你擅长解决的问题设计成一对一的咨询服务，成交一单。

商业画布：抓住自媒体红利，10 倍放大你的影响力

上一节讲到，突破不敢谈钱的心理卡点时可以从收费解决小问题着手，再将服务产品化。这里的服务是指知识类服务。我一直认为，对普通人来说，不管是创业还是做副业，都不要做需要投入很大资金的项目，因为不仅成功率低，还容易导致原本就微薄的积蓄付诸东流。我更建议从轻创业开始，做自媒体和知识付费就是典型的轻创业模式，前期不需要付出金钱的成本，门槛低，容错空间大。

我在分析一家公司、一个创业项目时的第一步，通常是分析这家公司的商业模式。分析公司商业模式有一个很好用的工具——商业画布，这个工具可以帮助分析我们自己的知识服务的业务逻辑。我们可以从以下几个角度进行分析。

（1）我们提供什么产品和服务，价值主张是什么？

（2）产品和服务的生产者、消费者、资源方是谁？

（3）获取收入的产品是什么？

（4）社群的组织模式是什么？

简而言之，商业画布可以帮助我们理清自己是怎么赚钱的，从中找到可以让我们事半功倍的杠杆点。在介绍商业画布之前，首先要明确我们能提供什么产品和服务。

产品矩阵

现在的自媒体环境为普通人创造财富提供了非常有利的条件。抖音、小红书、视频号等内容平台为了抢夺用户注意力并延长其停留时间，在内容创作者的奖励机制上投入了大量资源。只要我们分享的内容对平台用户有价值，就可以获得回报。

通过自媒体实现收入增长的道路中有两条适合普通人。

（1）关键意见领袖（Key Opinion Leader，KOL）

KOL 是指在某个领域有影响力，用自己的知识、经验赚钱的人。他们通过输出内容、观点、价值观影响他人，需要具备比较强的知识萃取能力和表达能力，门槛相对比较高。博主、知识 IP 等都属于 KOL。

（2）关键意见消费者（Key Opinion Consumer，KOC）

KOC 有比较强的带货能力，通过推荐商品给更多人赚取佣金收入。微商、社区团队长、宝妈群群主都属于这一类。KOC 的门槛较低，有微信就可以做，也不需要萃取知识。KOC 虽然不需要打造个人 IP，但是有 IP 的 KOC 的收入"天花板"会更高。

不管是 KOL 还是 KOC，要变现都要有自己的产品。适合普通人的产品类型主要有 5 种，如图 6-1 所示。

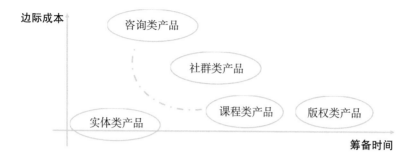

图 6-1　5 种适合普通人上手的产品类型

（1）实体类产品

实体类产品的边际成本低，筹备时间短。例如，待产包、美妆、水果、奶粉等都是实体类产品。

实体类产品可以细分为两类：一类是不需要自己生产、供应商提供一件代发服务的产品，你只需要找到用户，把产品卖给用户就可以赚到佣金，按实际销售额结算费用；另一类是自己生产、直接变现的产品，如设计师的海报、插画师的画作、果农的果子、一些非遗手作人的工艺品等。

（2）咨询类产品

咨询类产品通常是以解决用户的需求为目的、按时间计费的产品。

咨询类产品也可以细分为两类：一类是针对 C 端用户的一对一微咨询，为用户提供 1 ～ 2 个问题的解决思路，按小时计费，这种咨询方式的门槛低、筹备时间短，最适合知识付费的起步阶段；另一类是针对 B 端用户的顾问式咨询，通常按月、季度或年计费，需要提供一整套的解决方案，这种咨询方式对专业度、沟通能力的要求比较高。

（3）社群类产品

当你拥有了一定的号召力以后，就可以建立一个低门槛的社群，为用户提供交流的平台，用户可以在其中获得滋养和成长。我的社群就属于这一类产品。

社群类产品积累到一定程度以后，早期的种子用户已经度过"小白"阶段，需要更多信息、资源、能力的赋能。这时就可以将用户分层，推出更高门槛的社群，为一小部分人提供资源、赋能的空间。

（4）课程类产品

当你积累了一定数量的目标用户，他们有了体系化学习和督促行动的需求时，你就可以萃取知识，做成系统化的线上课程，以训练营的形式帮助用户吸收新知识。课程类产品比微咨询交付的内容更多，准备时间也更长。但课程录好后可以循环利用，随着销量的增长，边际成本也会更低。

（5）版权类产品

版权类产品包括书、音频课等，制作门槛高，但长尾效应较强，制作完成后可以反复使用。版权类产品的价格低，可以用于引流，为用户提供初步了解你的知识体系的机会。

以上产品可以搭配使用，先从微咨询着手，随着用户量的增长，慢慢开发社群、课程类产品。不同产品的定价不同，作用也不同。例如，微咨询的价格低、起步快，但它是我们深入接触用户、挖掘用户需求的利器。我最早的港股打新课、社群等都是从微咨询中"长"出来的。课程类产品用于教育用户、筛选用户，社群类产品用于沉淀用户、形成自己的生态。

商业画布

商业模式是一个被广泛使用的概念，每个人对其都有自己的定义。它表达的其实是项目如何挣钱。

亚历山大·奥斯特瓦德在他的著作《商业模式新生代》中提出了一套名叫"商业画布"的工具，把设计和表述商业模式变得十分简单、清晰。商业画布包括 4 个角度和 9 个模块，如图 6-2 所示。

图 6-2　商业画布

4 个角度：为谁提供、提供什么、如何提供、如何赚钱。

9 个模块：客户细分、客户关系、渠道通路、价值主张、关键业务、核心资源、重要合作、收入来源和成本结构。

下面以我自己的商业模式为例填写这张商业画布。

客户细分：因收入渠道单一而困扰，找不到更多增长收入的方式、实现自己人生目标的人，我们就是服务这群人（以女性为主）。他们可以是有"35岁危机"的职场人、无收入来源的全职宝妈和想提升理财技能的人。

客户关系：帮助用户改变行为，实实在在地提升收入，建立长久的陪伴关系，获得用户的口碑转介绍。

渠道通路：我的微信公众号、小红书矩阵及合作渠道。

价值主张：通过文章、社群、体系化的课程，帮助用户在自由人生公式涉及的5个方面提升赚钱能力，拓宽收入渠道。

关键业务：我要做的三件核心的事情：第一，拓宽学员的赚钱思路，学会副业、套利、投资、打造个人品牌等多种收入提升方式；第二，陪伴成长，迭代更多的赚钱机会，帮助学员在众多不确定性中提高抗风险能力；第三，影响更多人。

核心资源：我能做这件事，是因为我在职场、副业、投资、套利等方面有多年的研究，具备挖掘信息、从中发现赚钱机会的能力。这就是最大的竞争壁垒。

重要合作：建立与社交平台、其他KOL的合作关系。

收入来源：课程费、社群会员费等。

成本结构：我最重要的成本是人员成本，用于运营和学员服务团队的建设。此外是推广成本、实物周边产品成本、学员奖励成本等。

这张商业画布的核心是价值主张、客户细分、关键业务和收入来源，这4项是理清我如何在知识服务项目上赚钱的关键要素。对我来说，这张商业画布的重点在于价值主张和客户关系。好的价值主张能吸引更多同频的人，帮助客户完成蜕变。有了更好的口碑，在获取新用户时就能省不少力。

不同的商业模式，发展的重点不一样。理清商业模式后，就可以判断当下对我们最重要的是什么。

小实操： ✎

请用 4 个视角、9 个模块设计自己的商业模式。

私域流量：破解流量焦虑，打造高转化率自运转模型

随着视频平台的兴起，用户的注意力被五花八门的内容吸引，很多需要从平台获取流量的公司、博主都产生了流量焦虑。

写公众号的人焦虑阅读量、打开率和广告收入的同步下降，2023 年大部分公众号博主的广告收入都有 30% 以上的下降；做视频内容的人焦虑平台的推荐机制正在向新人和更高质量的内容倾斜。作为靠平台推荐机制获取流量的博主们，每一次生产的内容都要进入整个平台的大池子中博弈，有博弈就有输赢，因此永远活在焦虑中。

破解流量焦虑

对没有运营团队的新手来说，去公域平台博弈的资本更少，没有流量就没有变现，没有变现就很难坚持下去。破解流量焦虑的最好方法就是建立自己的私域流量池。

私域流量和公域流量是对应的。公域流量是指抖音、快手、视频号、小红书等承载用户的平台上的流量，我们在这些平台上传内容吸引用户的关注。私域流量则是指自己搭建的用户池的流量，如个人的微信号、公众号、社群、自己制作的小程序等，我们通过内容吸引用户从公域沉淀到自己的私域。

公域流量和私域流量的本质区别在于我们对流量的使用权和所有权。公域流量相当于"搜索流量"，我们只有使用权，用完即走，无法反复触达。对于私域流量，我们不仅有使用权，还有所有权，可以无限次触达。

建立私域流量池的意义在于我们通过不同的渠道获得流量，以用户的形式沉淀到我们自己运营的载体上，提升与公域平台博弈的能力，让用户持续产生复购，降低获客成本，提高运营效益。

私域流量运营的核心是和用户构建长久的信任关系，从卖货思维转变为用户思维。很多人存在思维误区，认为私域流量是以销售为导向吸引用户，然后"收割用户"。其实，这还是流量红利下的卖货思维，不考虑用户的全生命周期价值，赚到钱就跑。这种做法在存量时代是不可取的，只想着"收割用户"，最终也会被用户抛弃。

我们获取流量，从来都不是只有成交这一个目的。每一个流量背后都是有血有肉的人，真正的私域流量运营是把用户当朋友，陪伴用户一起成长。信任是流量的开端，好的服务是维持信任的关键。

把"构建长久的用户关系"作为私域流量运营的第一原则，让用户相信你，愿意跟随你，购买你的任何产品，把你当作一个懂他、关心他、有情感、有温度的专家及好友，甚至愿意为你终身付费，才是优秀的私域流量运营。例如，我的社群每次开放年度会员续费，无论怎么强调只能续费一年，都会有人不按规则连续购买三四年，我只能挨个退回。

打造高转化率自运转模型

对单打独斗的新手来说，要想更高效地完成 IP 变现，就必须重视私域流量运营。100 万个公域流量粉丝远不如 1000 个精准用户重要。对我来说，时间是最大的成本。如果没有时间批量生产公域内容以扩大粉丝量，那么提高精准用户的数量和转化率就成了最重要的事情。

我的粉丝数量与大部分博主相比微不足道。截至 2023 年3 月，我的微信公众号粉丝只有 31000 人，沉淀到个人微信号的只有 11000 人。虽然用户很少，但是胜在转化率高。很多时候，我的活动付费转化率能达到 30% 以上，社群用户续费率达到 60% 以上。这样的高转化率给我带来的营收超过了很多拥有 50 万粉丝的博主。这完全依赖于我打造的高转化率自运转模型，我的好友花爷曾说："阿七是我见过的私域转化天花板！"

财富哪里来

我还算不上"私域转化天花板"，但我确实不在意公域流量用户有多少，只在意精准的私域流量用户，把有限的时间花在服务好精准用户身上。我把这套自运转模型分为4步，形成了一个自我增长的闭环，如图6-3所示。

图 6-3　私域流量用户转化的自运转模型

（1）内容吸引

不追热点，不制造焦虑，只做真诚的、对用户有价值的内容。专业和真诚的内容能省掉说服用户的过程，让用户自己说服自己。我的公众号文章、小红书笔记等只写两种类型的内容：一是关于理财、副业、套利、保险等话题的干货知识；二是我如何实现自由人生状态的个人故事、我在自由人生公式的5个方向上的探索过程，以及如何取得现在的成果。

这些文章会吸引同频且能被我的内容触动的人，帮助我建立了与用户的初步关系。如果内容数量足够多、足够真诚，甚至不用我说一句话就能吸引用户下单。经常有用户半夜激动地给我发信息，他们说："阿七，我看完了你所有的公众号文章和那本8万字的电子书，激动得一晚上睡不着，后悔这么晚认识你！我要买你的课！"

206

内容吸引的最大作用还是将公域的粉丝沉淀到我们的私域流量池，吸引他们加个人微信号，我们就有了更进一步了解和触达他们的机会。

（2）用户浸润

用户浸润的意思是用户进入私域流量池后会看到我们是鲜活、真实的人，而不是发营销广告的机器。我们要全面展示自己的观点、学员案例、价值观和生活方式，让用户被浸润，完成构建信任的过程，再用直播、分享等进行用户筛选。

在用户浸润环节，最重要的是朋友圈。朋友圈是普通人做个人IP、离钱最近的地方。

商业的本质是触达和信任，信任的本质是实力和"人味儿"。用朋友圈构建信任，主要体现在以下3个方面。

第一，高频输出。每天至少保证1条，有触达才有机会建立信任。

第二，细节真实。没有生活的IP就是一潭死水，你要有一些让人记住的标签，可以接地气一点，如佛系旅游博主、被老公宠、幽默、原则感强、爱宠物等。你可以展现不同的场景、人、物之间的故事。

第三，展现案例。关于专业内容的朋友圈可以戳中用户的痛点，提供解决思路，展现成功案例，吸引有相同痛点的用户找你要解决方案。

（3）超预期交付

产品要有好的口碑，就要做到超用户预期的交付。它比你自说自话地讲自己怎么厉害更容易让人信服，而且关系到用户是否愿意自发为你传播，以及是否愿意与你建立长久的关系。

你可以从以下 3 个方面做到超预期交付。

第一，不过度承诺。例如，按我教的方法可以让学员每个月至少多赚 2000 元，但我不会这么说，而是会宣传"学了这门课至少能教你赚回学费"，那么额外的部分就是超出用户预期的了。

第二，想在用户前面。例如，用户进入我的社群只是想有一个可以交流赚钱方法的地方，我除了提供这样的交流空间，还会想到用户在改变认知后需要更多的实操机会帮助他们把知识内化，于是新增了对会员免费的实操营，这对用户来说也是超预期交付。

第三，营造归属感。在营销方面克制、主动劝退不符合社群价值观的人、制造"啊哈时刻"（Aha moment）、设计专属的社群周边产品等，都可以营造用户对产品的归属感。关于具体的措施，请阅读 6.7 节。

（4）口碑传播

有了信任和超预期交付，就容易让用户自发地"种草"，向身边的朋友推荐我们的产品。我的课在前两年吸引了 2000 多位付费学员，其中超过一半来自口碑传播。也就是说，我几乎不做什么营销，大部分情况下在朋友圈预告一下开课时间，就能很快报满。经常有学员问我："没见你发广告啊！怎么就报满了呢？"因为老学员会源源不断地介绍朋友来上课，他们中最多的介绍了 50 多个朋友来学习。

口碑传播的背后是长期的超预期交付，以及学员对我的高度信任。用他们的话说："阿七老师的课可以闭着眼睛买。"并非我有多么厉害，比我厉害的老师有很多，信任的背后是用户对我人格的认可和价值观的认同。这类愿意不断复购我的产品且自发地在公开场合推荐的人，就是铁杆粉丝。

内容吸引、用户浸润、超预期交付、口碑传播这 4 个环节互相作用，形成了我们的流量生态。总之，不要攀比，不要焦虑，你若盛开，蝴蝶自来。

小实操：

请从坚持写朋友圈开始，搭建自己的流量自运转模型。

花式宠粉：让 1000 个粉丝自发为你传播

凯文·凯利曾在《技术元素》这本书中提出过一个非常经典的理论——1000 个铁杆粉丝理论。他的原话是"保守假设，铁杆粉丝每年会用一天的工资来支持你的工作。这里，一天的工资是个平均值，因为铁杆粉丝肯定会比这花得多。再假设每个铁杆粉丝在你身上消费 100 美元，如果你有 1000 名粉丝，那么每年就有 10 万美元的收益，减去一些适度的开支，对于大多数人来说，足够过活"。

1000 个铁杆粉丝

并非所有付费用户都是我的铁杆粉丝，只消费一次就走的不能算铁杆粉丝。用户好找，铁粉难求。在我 3 万多的私域用户中，铁杆粉丝可能不到 400 个。通常情况下，铁杆粉丝有以下几个特征。

第一，无条件信任你。无论你卖什么，他都愿意买。

第二，愿意在公开场合或向身边人推荐你和你的产品。

第三，如果有人提出反对意见，他们主动站出来维护你的形象。

第四，对你的社群有主人翁精神，愿意做志愿者，带新用户参加活动。

正是因为一个铁杆粉丝的价值相当于 1000 个普通用户的价值，所以他们显得特别珍贵。我们和铁杆粉丝之间是互相成就、互相赋能的关系，彼此见证对方的成长。当有一天他的技能修炼得足够好、需要"起飞"时，他会带着我们共同的价值观去影响更多人。

铁杆粉丝用金钱表达对我们的忠诚，也值得我们花更多的心思"宠爱"他们，为他们提供不一样的优待和权利。我们不一定要花多少钱，但要有温度、有情怀。例如，我的万元社群——自由人生俱乐部的会员可以得到我设计的全套社群周边产品，包括印有"早日退休"的帆布包、徽章等，如图 6-4 所示。这些周边产品不值多少钱，重在表达心意和身份认同。

图 6-4　社群周边产品

向铁杆粉丝提供特权和优待，是十几年前我从护肤品中的奢侈品牌海蓝之谜学到的。作为海蓝之谜的忠实粉丝，无论是生日礼物，还是日常的新品体验，我都能收到一张手写的专属卡片，字迹娟秀，用词温暖又不过分讨好。即使只是一个 3.5mL 的面霜，他们也会悉心用盒子装好，绑上印有品牌名的墨绿色丝带。这样细致的服务和对待用户的态度在当时众多护肤品牌中是独一份的，有温度的态度及出色的产品体验是我十几年不换护肤品品牌的主要原因。

我把从海蓝之谜学到的宠粉服务也用到了用户运营中。

花式宠粉

在宠粉这件事上，我自认为是专业的，毕竟我经常被学员戏称为"宠粉博主"。既然已经从茫茫人海中把铁杆粉丝吸引出来，就要好好维护他们，即使宠不了所有粉丝，也要宠好"金字塔顶尖"的那些粉丝。

如何让铁杆粉丝更喜欢你、追随你，我有以下几个建议。

（1）洞察需求，在铁杆粉丝的成长上花心思

这一点是首要的。铁杆粉丝在成长过程中不会只遇到一个问题，有时是收入增长上的，有时是职场上的，有时是亲密关系上的，有时是目标管理上的……只要我能提供思路和解决方案的，我都会无条件地输出内容，甚至愿意为了铁杆粉丝去学习一门新的技能。当然，我做的所有事情是跟自己的愿景相符的。

例如，资产配置中重要的一环是"保命的钱"——保险的配置，我在与四五个保险经纪人合作并筛选了一些团队，但发现仍不足以满足自己的需求时选择躬身入局，入职明亚保险经纪公司，再把自己花费上百小时学到的保险知识浓缩成一节课教给学员们。而且，我带着助理们入职，给学员们做免费的保险咨询服务，帮助他们找到适合自己家庭的保险产品。

这样的事情，我做了很多。例如，用户不会写工作总结，我做了一场专题分享，聊怎么写工作总结；或者他们想要增加收入，我自己去挖掘赚钱的机会，花时间带着助理测试、跑通逻辑、找到渠道和要避开的"坑"后悉数教给学员们，配备助教团队督促他们行动。

我认为这是最高级的宠粉，想他们所想，做他们所需，顺便从中赚到一点点钱。

（2）制造仪式感，用温度吸引粉丝

在所有人都被压力和忙碌裹挟前行的大背景下，温度成了奢侈品。适当地制造一些仪式感，可以让粉丝对你爱不停。

　　制造仪式感的方式有很多，既可以是精神或物质上的奖励，如赠书、手写信、专属称号、社群周边产品等；也可以是记录他们成长的视频、文章、电子书、图片等，用类似支付宝的"年度账单"帮助用户回顾过去一年的成长；还可以是在特殊的日子赠送礼物，如生日、加入社群的日子等。

　　我把"制造仪式感"这个理念贯穿于用户运营的始终。例如，对每一位优秀学员，我都会送一本书，手写寄语，每个人的寄语都是独一无二的，如图6-5所示。经常有人收到后感动得想哭，因为戳到她心里了。要想做到这一点，我就要在平日留心观察每个人的不同需求。

图6-5　对优秀学员的赠书奖励

　　我印象最深的一次是在一位学员过生日时，我买了99朵粉荔枝玫瑰送到她的工作单位。这是她第一次收到鲜花，她在同事们艳羡的目光中获得了"峰值体验"。

铁杆粉丝之所以愿意追随你，是因为想近距离地学到更多东西。如果你不擅长洞察需求和制造仪式感，那么一定要帮助他们以肉眼可见的速度快速成长，让他成为你的成功案例。这是对你专业度的最好证明，可以吸引其他用户靠近你。

我有一位学员，她在 2021 年 12 月认识我时还是刚辞职的文案主管，主业和副业收入加起来不到 2 万元 / 月。她也是我的铁杆粉丝之一，报名参加了我所有的课程和社群。2022 年，我帮助她找到了事业方向，实现了全年 100 万元收入的突破。她的案例激励了很多人，让他们意识到只要方法得当，自己也有收入倍增、年收入突破百万元的可能性。

总之，对待铁杆粉丝要用心；与其盲目追求流量的增长，不如走得慢一点，服务好 1000 个铁杆粉丝。

小实操：

请为身边信赖自己的粉丝或朋友设计一个用心的且充满仪式感的事件。

圈粉利器：3 步写出 1 年变现 50 万元的故事名片

本节分享一个非常好用的圈粉利器——故事名片。顾名思义，故事名片就是一篇介绍自己个人故事的文章，与我们在商务场合中互换的纸质名片作用相似，可以让陌生人建立对我们的第一印象。故事名片比纸质名片更进一步，不仅能传递联系方式，还能一次性向外界展示我们的成长经历、专业方向、人格魅力，并且释放合作信号。

故事名片助力 IP 破圈

有了好的故事名片，不用你开口推销自己，用户自然就会被吸引。将你的故事名片分发到其他公域平台，还能助力你的 IP 破圈。我的朋友奥姐是一家公司的销售总监，她写了一篇专业的故事名片文章发到知乎上，至今一年多时间，仍然每个月稳定为她带来几百个精准用户。

传统的个人介绍和故事名片之间最大的区别在于不自卖自夸，请看以下案例。

案例一：我是做理财的

传统介绍：我是做理财的，我多么牛，收益多么高。

故事名片：我 8 年投资收益增长 10 倍。8 年前，我也是投资"小白"，因为 ×× 原因开始学习投资，在这个过程中发生了 ×× 跌宕起伏的投资故事。我踩过"坑"，也赚过钱，总结了一些适用于普通人的投资心得，希望能给你带来启发……

案例二：我是做母婴产品的

传统介绍：我是 ×× 品牌的，我们的产品特别好。

故事名片：我是两个孩子的妈妈，也是服务过 2000 位宝妈的生意人。3 年前我生第一胎时，我家大宝因为用了错误的产品而住院，我从此踏上了母婴产品测评之路……

我们可以感受一下二者的区别，前者显得太过功利，而后者更接地气，人们更愿意看故事。

故事名片的关键点体现在 3 个方面：一是讲述你的专业故事；二是向他人分享价值和你的初心；三是让他人记住你的内容。

故事名片的好处也很直观，因为呈现的是你在专业领域的经历，内容具有很强的故事性，能够有的放矢地吸引精准用户，并且分享的大多是经验，也有利他性。故事名片的篇幅往往在 4000 字以上，用户在上面停留的时间越长，对你的印象越深刻。此外，它最大的好处是可以复用，实现"一鱼多吃"。

3 年前，我写过一篇名为"我用 2 年时间，收入翻了 10 倍"的故事名片文章。这篇文章多次被其他公众号推荐，虽然总阅读量不到 4 万人次，却给我带来了 1000 多个精准用户，变现超过 50 万元。我每次在其他平台和社群做分享时都会先把这篇文章发出来，帮助用户建立对我的初步印象，这样既省时又省力。

故事名片的类型

常见的故事名片有 3 种类型。

（1）视频版

我们经常在抖音、小红书看到的"一个 × × 女孩的 10 年""一个 × × 男孩的 10 年"就是视频版的故事名片，但视频的时长有限，只能用故事共情，没法展示专业价值。做视频版的故事名片，重点是照片和视频素材的收集，用脚本串起人物经历的时间线。

（2）"鸡汤"版

类似"从负债 500 万元到年入 5000 万元，一个创业者的 10 年"这样的故事，侧重讲自己低谷时期的不如意，如何不畏艰险地克服困难，最终走上人生巅峰。这类故事的重点是描述低谷时期的情绪和细节，情节要跌宕起伏。

（3）专业版

专业版故事名片要表现的内容是自己的专业性和初心。例如，我的"我用 2 年时间，收入翻了 10 倍"侧重讲自己如何靠打工、创业、投资三条路都实现了年收入百万元的经历。在这篇故事名片文章中，我详细写了打工实现年收入百万元的过程中，跳槽和升职涨薪的关键点在哪里；创业实现年收入百万元的过程中，在什么样的契机，找到了什么样的创业机会，创业成功的关键是什么；理财实现年收入百万元的过程中，这百万元由哪些理财方式实现，我的建议是什么。

写出可变现的故事名片

我的朋友花爷说："故事名片是你人生经历的电影，得符合电影逻辑。"既然是电影，就要遵循电影的叙事套路：一是起点低，从草根开始；二是至少有两段以上的波折；三是在前行的路上永远有困难，但困难都被我解决了。

写故事名片的通常顺序是先定主题、再定框架、最后写故事。

（1）定主题

主题有一个典型的框架：我如何用××天在××领域做到××成绩。

例如，"我如何用120天新建一个月销1500万元的新店"。

主题包括三个因素：深耕的行业、取得的成绩、创业生意经还是专业经验。第三个因素决定了你的分享对象是B端用户还是C端用户，这个可以根据产品的目标人群来定。

例如，生意经可以是"我是怎样用一部手机把家政店开到全国的……"专业经验可以是"我如何在半年内实现小红书增长10万粉丝，变现50万元"。

（2）定框架

背景介绍：你是什么样的人，在什么领域实现了什么样的目标，为什么有这个目标。目的是获取身份认同，重点是**数据提炼**。

大家好，我是Aria，跨境独立站的操盘手，曾经独立负责过多个爆品站，熟悉欧洲和美国市场，目前从公司离职，开始自主创业。这次我想和大家分享自己是怎样用半年时间从 0 到 1 搭建 2 个月销 30 万元的独立站的。

人生起伏：把你的人生经历分成 2～3 段，写每一段的目标、遇到的困难，为解决这个困难做出了什么行动，有什么结果。

经验分享：基于这段经历，有什么经验和心得可以分享。

转化动作：总结成绩，你能提供什么价值和服务，展示你的合作性。

转化动作主要有圈粉类和合作类。例如，圈粉类："靠近我的人都会变有钱，欢迎来链接"；合作类："我有 ×× 资源，欢迎感兴趣的老板来合作"。

（3）写故事

要写出令人动容的故事，必须注意以下 2 点。

一是注重细节。人物背景、性格，所有目标、困难、执行过程、结果的数据细节，以及每一次情绪波折、场景细节，都是让故事名片更真实、更可信的因素。

二是多用金句。金句的意义在于升华主题，一句顶万句，让人印象深刻，更容易产生转发的动力。例如，"领导最喜欢的永远是替他解决问题的人""当你拥有了 1000 个铁杆粉丝，想不变现都难""客户买的不是产品，而是内心需求的满足""父母理财知识的储备决定孩子财商的上限"。

好的故事名片、引流至私域、实力宠粉，在这 3 个方向上发力，形成个人 IP 的增长飞轮，变现和影响力都会唾手可得。
祝大家都能让自己的个人 IP 飞轮转动起来！

小实操：

请尝试给自己写一篇故事名片文章。

第 7 章

5 年收入翻 10 倍的核心法则

5年收入翻10倍的核心法则

目标管理：用 5 年实现你的人生蓝图

大部分人每天都在忙忙碌碌地工作、生活，日复一日、周而复始地为了事业和家庭奔波，就像齿轮一样严丝合缝、不停地运转，无法放慢脚步去思考自己究竟想要过什么样的人生。

在毕业后的 13 年间，我从职场"小白"一路"打怪"升级到运营总监，再到创业；从月工资 2000 多元到现在的年收入超百万元，成长的飞轮转得飞快。

每过 5 年，我都会给自己设定一个收入翻 10 倍的阶段性目标。很多人问我："为什么你比同龄人跑得更快？"这只不过是因为我清晰地知道自己的目标是什么，奔着目标一往无前罢了。

人们经常把自己过得浑浑噩噩的原因归结为周围环境的影响或自己能力不行，其实主要原因是目标不明确、选择不清晰。如果一个人究其一生没有目标，即使每天有吃、有喝、有班上，也会迷失自我、生活毫无激情。

当心中存有太多欲望或可支配的时间时，我们会进入"既想做这个，又想做那个"的状态。仔细回想一下，你下班回家后是不是往沙发一躺，刷抖音，看小红书，无聊了再看看电视

剧？到月底钱不够用时，既想考证给自己的资历加码，又想找
个副业增加点额外收入？很多人的生活状态就像站在十字路口，
不知道该往哪里去，让自己陷入不确定性中。

在有太多的选择时，我们会不自觉地选择那个最清晰、最
有确定性的选项；在没有足够清晰的目标和选择时，我们就容
易"躺平"、一味享乐。

用愿景呈现人生蓝图

"5 年收入翻 10 倍"这个量化的目标并不是激励我一往无
前的、最重要的因素。无论 10 倍还是 100 倍的收入，都只是一
个数字。数字需要更具象的东西来呈现，才能产生推动我们前
行的动力。

我最常用的方法还是"描绘人生愿景"，它帮助我清晰地看
到了自己理想的人生蓝图。

当我们对未来有一个美好而清晰的愿景时，就像给大脑铺
了一条路。大脑影响我们的行动，人生就会顺着我们描绘的愿
景一步步前行。

你可以想象一下，5 年后什么样的人生状态是自己感到满
意的。

> 自己多大了？

> 自己生活在哪个城市，住在什么样的房子里？

> 自己和谁在一起，做着什么样的事？

> 自己的心情和状态是什么样子？

> 自己每天在做些什么，身边有什么？

把这些描绘得越具体、越生动越好，最好能找到符合这些描述的图片，把它们贴在书桌前。当你累了、想"躺平"时就抬头看一眼，然后闭上眼睛想象自己已经实现了这样的愿景，你马上就会动力满满。

如何找到愿景呢？我分享以下3种思路。

（1）关注我们追求的美好事物，这些事物应该是10年不变的。例如，我们对成长、亲密关系、财富的追求。人总是喜欢关注变化，但在愿景这件事上，不变更重要。

（2）用"以终为始"的思维方式进行思考，先考虑终极问题，再倒推操作步骤。先思考你想成为什么样的人，再思考这样的人是怎样的状态，如何成为这样的人。

（3）最小化后悔表。当你面临重大的人生抉择时，先问自己：假设现在已经80岁了，这件事情如果不做，会不会后悔？如果后悔，就果断去做。愿景也是如此，拿一张纸写下5年内不做就会后悔的事。

这3种思路综合起来，可以转化成一个向内求的问题：在不考虑金钱的情况下，你这辈子最想做什么？

3年前，我在一次和朋友们的聚会上聊到了这个话题。有人说，如果钱足够，我想去环游世界；也有人说，我想把自己在业务增长上的经验教给更多小公司，帮助他们在经受新冠肺炎疫情影响的商业环境中存活下去；还有人说，我想写一本自传，把自己的故事讲给女儿，让她能从中获得一些对生活的勇气。

轮到我回答时，我想了许久，我最想做的只有两件事：一是寻找一处清净的地方安家，有天、有地、有家人陪伴；二是写一本书，把我如何实现当下生活的人生系统分享给更多找不到生活方向的年轻人。以终为始，从终极目标出发，用它指导你当下的每一步行动。正如你现在看到的这本书，就是我在为实现自己的愿景所做出的努力。

我的 5 年愿景

　　工作后的第一个 5 年，我的愿景是在 2015 年攒够 10 万元存款用作投资，和妹妹一起出国旅行一次。那时，我在主业之余除了热衷于卖护肤品小样，还会在旅行网站上看攻略。我搜集了泰国苏梅岛、普吉岛和清迈的很多照片，跟着"驴友"的攻略一遍遍地想象：如果我也能去旅行，就要去沙滩吹着海风、喝冰椰子，去清迈夜市吃小吃，去泰北森林玩丛林飞跃。每次在工作上受了委屈，我都会点开苏梅岛海边的照片，看完就释然了。

　　只看肯定是不够的，行动也要跟上。2012 年 8 月，我得知亚洲航空公司（简称"亚航"）即将开通武汉直飞曼谷的航线，便提前蹲守开航大促，用 2100 元双人往返曼谷的票价定下了 2013 年 4 月飞曼谷的行程。当时亚航的规则是机票预订后不退不换，我只有两种选择：不去，就损失一个月的工资；去，就要想办法赚钱。如果是你，你怎么选择？我当然选择后者，毕竟它是我这几年辛苦工作的动力。

　　我选择提前一年订机票，就是为了不给自己留退路。为了省钱，我半夜蹲守亚航网站，抢 100 元往返曼谷和普吉岛、60 元往返曼谷和清迈的机票，把曼谷作为中转站，规划了 10 天 9

晚的行程。为了节省住宿费，我们甚至带了薄毯准备在机场睡一夜。那一年，我的工资才 3500 元 / 月，拥有 10 万元积蓄和出国旅行是我能想象到的、可以踮起脚尖够一够的理想生活。

在 5 年计划的第 3 年，我实现了这些目标。

在第二个 5 年，我用 100 万元存款和成为电视剧中又酷又飒的女总监来激励自己，无数次在脑海中想象自己站在会议室黑板前向领导汇报季度目标超额完成的样子。想得越细，越能感受到成就感和掌声就在眼前。

为了实现这两个愿景，2014 年我开始准备深入学习投资，学习如何做到钱生钱。在主业中，我选择跳槽到更有前景的互联网公司。因为互联网公司的升职机会更多，离我的目标更近。成为女总监的目标在这个 5 年中的第 2 年就实现了，存款目标也在第 4 年实现了。

在第三个 5 年，我希望拥有 1000 万元的资产。在生活状态方面，我的愿景是拥有一套 140 平方米以上的四居室房子，其中一间是书房；有 50 平方米以上的院子，有充足的空间种月季，有草坪可以给狗玩耍，闲时邀三五好友在花园喝茶、烧烤，偶尔给学员上课，给企业做运营顾问；每年有 3 个月时间可以出去旅行、见朋友、线下面对面给学员上课。

这个愿景描绘得足够具体，我甚至能感受到阳光和微风吹过来，小狗在嬉闹，猫咪抬眼看一下我，又闭上眼舒服地晒太阳。

刚定下这个目标时，我看上了朋友家所在的小区，我甚至从网上下载了自己喜欢的户型图，贴在书桌前激励自己实现目标。和前两个 5 年一样，我在第三个 5 年中的第 3 年提前实现了目标。

愿景的原理

我理解的愿景主要由两个因素组成——核心理念和未来蓝图。核心理念是你想成为什么样的人；未来蓝图是你想做成什么事，拥有什么样的生活。当然，你也可以提出财富方面的愿景。

愿景本质上是一种从全局出发的视角，它督促我们着眼于长期价值，聚焦于关键想法，不过分拘泥于眼下的细节。

互联网运营领域有个词叫"北极星指标"，意思是现阶段最关键的指标。例如，公司创立初期的北极星指标是用户数的增长，公司可以通过补贴快速扩大用户规模，占领市场；到了成熟阶段，就要降本增效、关注营收的增长了。愿景就像我们的北极星指标，看起来比较遥远，但是我们在低头走路时应该时不时地抬头看一下它，以免偏离了方向。

愿景是怎样发挥作用，推动我们前进的呢？

（1）它代表一种预见能力，可以把抽象的目标变成一个场景，将遥不可及的目标可视化，让我们在充满不确定性的现实中看清那些可以带来长远价值、持续产生复利的事情。

（2）人需要正反馈，但生活中的大部分事情没有办法给予及时、正向的反馈。描绘愿景就是提前感受正反馈的过程，在迷雾阶段给自己坚持下去的勇气。

（3）愿景能对人产生激励，凡能成事者都有激励自己和别人的能力。

描绘清晰的人生愿景只是第一步，它像灯塔一样指引着方向。方向清晰了，才能制定更明确的达成方法，用方法指导行动，实现人生目标就不再是难事了。

小实操：
· ·

请从现在开始给自己制定第一个 5 年愿景。

深度思考：思考的深度决定人生的高度

愿景和目标只是为我们指引了方向。如何才能实现目标呢？我们还需要深入地思考从起点到终点的实现路径。

深度思考是看透事物的内在规律，进行系统深入的思考后做出正确决策的思维能力。人们习以为常地认为深度思考的对立面是浅度思考，但我认为在现实生活中"不思考"的人比习惯浅度思考的人更多。

大部分人之所以学了很多道理依然过不好这一生，就是因为还停留在学生时代的思维方式，等着有人告诉你正确答案，把答案背下来就能应付过去。他们不仅在职场中等着领导告知正确答案，指哪打哪，而且在亲密关系、个人成长、掌控金钱等方面都希望有唯一的正确答案可抄。但是，每个人的境遇不同、能力不同、起点不同，哪里有唯一的正确答案？我们唯一能从成功人士身上学到的，就是他们思考和认识问题的方式。

黄金圈法则

我在带领团队完成指标时曾经做过两个尝试：一是直接将指标分摊到每个人身上，告诉他们应该怎样做才能达成目标；二是先告诉团队成员为什么要完成这个指标、这个指标对公司业务有什么样的价值和作用，然后把指标分解到每个人身上，告诉他们要想达成目标可以从哪些方面考虑。

结果显而易见：在第一种方式下，只有 30% 的人完成了指标，他们告诉我完不成是因为同事不配合、公司预算没有给到位、尝试了一下方法但没效果；在第二种方式下，90% 的人完成了指标，因为明白自己所做事情的价值能激发他们思考达成目标可以从哪些方面着手、哪个路径更快，以及执行过程中遇到问题后如何复盘和迭代。两者的区别仅仅是思维方式的不同。

管理学家西蒙·斯涅克在演讲中提出过一种名为"黄金圈法则"的思维模式，如图 7-1 所示。黄金圈由 3 个圆圈组成，最里面的圈叫"Why"，即为什么，对应我们做某件事的目标；中间的圈叫"How"，即如何做，对应我们做事情的方法；最外面的圈叫"What"，即做什么，对应方法的执行。

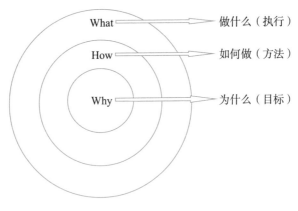

图 7-1　黄金圈法则

普通人的思维方式是从外到内的，先考虑做什么，再想怎样做，最后才问为什么，也就是 What → How → Why；而优秀的人的思维方式是由内而外的，也就是 Why → How → What。

这种思维方式不仅适用于激励人心，还适用于促进行动。在职场中，它适用于管理者跟员工同步目标，激发员工的主观能动性；在教育上，它适用于让学生先知道知识的原理，促进他们的行动；在人生目标上，它适用于激励自己，产生源源不断的动力。愿景就是"Why"，拆解愿景、制定计划就是"How"，计划制定后的执行过程就是"What"。

3 种重要的思考方式

3 年前，我在一个学习社群分享 2015 年自己做过的"源公益，一分助学"项目时，有一位资深的心理咨询师找到我，她说："我很好奇你是怎么会有这么浑然天成的底层能力的。"那天，我们聊了很久。在此之前，我从来没有意识到自己与别人在思维方式上有什么不同。后来，我想了很久，我能在任何自己想做的事情上取得普通人眼里的成功，原因除了我从小就有的强大信念（没有我做不到的事情，只看我想不想做），还有可迁移能力，如图 7-2 所示。

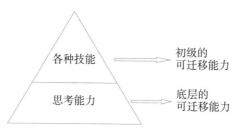

图 7-2　可迁移能力模型

初级的可迁移能力是技能。例如，我在写作上的技能可以应用在内容运营上，投资上的行业分析、公司分析技能可以迁移到企业运营顾问上。

底层的可迁移能力应该是思考能力。例如，我经常用来提升思考能力的思维方式有量化思维、拆解思维和闭环思维。

（1）量化思维

量化思维是一种解决问题的思维方式，通过量化让不确定的事情清晰起来。例如，我想成为在个人成长方面有影响力的人，但"有影响力"是一个模糊的概念，量化就是给它设定一个数值。可量化的指标有很多，既可以是方向上的量化指标，例如，在主业、副业、投资、套利、个人影响力5个成长方向上成为有影响力的人；也可以是综合的量化指标，例如，在我心里有10万公众号粉丝就算有影响力。有了量化的指标，我就能做到"心中有数"，每一步动作都能反映距离目标还有多远。

（2）拆解思维

拆解思维是最简单的认识世界的方式，也是最基本的解决问题的模型。

还是以"我想成为在个人成长方面有影响力的人"为例。有了10万公众号粉丝的量化指标，假设我想在一年内实现它，就可以拆解为每季度需要实现25000个粉丝的增长，每月需要实现8333个粉丝的增长，每周需要实现2084个粉丝的增长。我们还可以继续往下拆解：每季度的25000个粉丝来自哪些渠道？不同的渠道通过哪几种方式吸引用户关注，是通过个人故事、干货分享、福利活动，还是渠道的推荐？

很多人面对复杂问题时充满了焦虑情绪，不知如何下手。拆解思维能帮助我们把复杂的问题拆解成几个部分，然后一个一个解决。就像简单的数学算式：6=1+2+3，我们逐个击破 1、2、3 就可以了。

（3）闭环思维

闭环思维是一种从 0 到 1 解决问题的思维方式。不管我们是做一件事，还是创业，都要有闭环思维。如果没有闭环思维，我们看到的世界就是点状或线性的，而不是一个整体。

依然以"我想成为在个人成长方面有影响力的人"为例。量化指标是 10 万公众号粉丝，没有闭环思维的人可能采取的做法是通过购买流量实现粉丝量的增长，而在闭环思维下正确的做法是"购买流量→生产符合用户需求的内容→阅读量和转发量提升→吸引更多流量→生产符合用户的产品变现→变现的钱一部分拿来购买流量"。

在工作和个人成长中，我们常用到的 PDCA 循环就运用了闭环思维，如图 7-3 所示。

P：有了愿景后确定行动计划（Plan）。

D：执行计划（Do）。

C：在执行过程中检查问题、发现问题（Check）。

A：解决问题，总结复盘，迭代计划（Act）。

持续改进的循环迭代模型

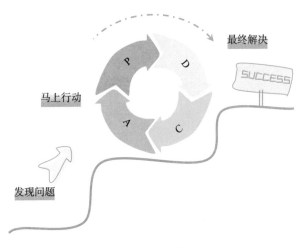

图 7-3　PDCA 循环

　　然后开始一轮新的闭环，循环向上，带动我们一步步迈上新的人生高度。

　　如何运用这些思维达成自己的 5 年目标呢？我有以下几点建议。

　　（1）想清楚黄金圈法则中的"Why"，即你为什么要实现这个目标，实现它对你来说有什么意义。

　　（2）把目标向下拆解，思考它由哪些不同的维度组成，针对每个维度确定一个量化的北极星指标。如果你没有思路，就可以考虑自由人生公式中的主业、副业、投资、套利和个人影响力 5 个维度。

　　（3）将北极星指标继续往下拆解，细到可以指导你执行的颗粒度。

小实操： ✎

. . . .

请运用本节介绍的思维方式制定自己的 5 年愿景实现路径。

自我驱动：正反馈是长期坚持一件事的源动力

很多人做事只有 3 分钟热度，对任何事情都浅尝辄止，最主要的原因是没有从中得到正反馈，找不到坚持下去的内驱力。正反馈和负反馈是系统动力学模型中的两个因素，正反馈刺激和增加回路、强化行动，负反馈则抑制行动。

建立即时的正反馈

可能很多人不相信，两年前我写下"理财入门课"的瞬间，心里想的第一个要解决的问题是"如何让学员们赚回学费"。为什么如此具体、微小？因为这是我能把这门课做下去帮助更多人的起点，只有完成从 0 到 1 的质变，才有可能实现从 1 到 100 甚至到 10000 的量变。

有些人在看完我分享的 2 年收入提升 10 倍的文章后激动地来问我："阿七，怎么做能让我一年赚到 30 万元？"

我问他："你现在的工资是多少？有工资以外的收入吗？"

他说："工资 5000 元 / 月，没有其他收入。"

你看，大部分人定了目标后都无法实现，是因为他们定的目标不够具体吗？不是！说实在的，这些目标不算低，但对他们所处的阶段来说，这已经不是从 0 到 1，而是从 0 到 100 的飞跃了。与其绞尽脑汁思考怎样马上赚到 30 万元，不如先考虑怎样赚到工资以外的 100 元。先赚到 100 元，再考虑怎样把 100 元放大到 1000 元、10000 元……目标不明确，很容易让人因距离目标太远而浅尝辄止。只有不断积累小的成果，才有可能迎来大的果实。

例如，我有一位学员叫娟子，2020 年她认识我时刚生完二胎，带孩子和烦琐的家务让她很疲惫，她不仅没有时间考虑自己的成长，就连休息时间都不能保证。她问了我一个问题："有不花太多时间就能每月多赚 2500 元的方法吗？我不想一夜暴富，只希望能每月多赚 2500 元，请阿姨帮我做家务，让我能睡个好觉就行。"我说有，她信了。

学完"理财入门课"后的第一年，她用多户打新这一种方法就实现了"阿姨自由"。这给了她很大的信心，激励她花更多时间深入地学习投资和套利。她还推荐了 30 多个身边的朋友跟我学习，每个朋友都很感激她帮助自己打开了新世界的大门。

朋友的感激让她获得了满足感和成就感，她意识到自己的影响力在扩大，只要给别人分享有价值的东西，就是一件值得做的事情。于是，她开始在微信朋友圈和小红书分享自己在营养学、理财学习方面的实践和经验，从此开始打造自己的个人品牌，建立影响力。

3 年过去后，她已经从一个无收入的宝妈成长为拥有多渠道收入、月入三四万元、拥有很多选择权的宝妈了。

娟子的案例就是一个典型的正反馈闭环。从"每月多赚 2500 元"开始，有了正反馈后，主动性和探索欲变得更强，认知和思路也会因此变得更开阔，想尽办法解决实践中遇到的各种问题，同时把结果分享出去，吸引更多同频的人，也在帮助别人的过程中获得更多收入上的正反馈。

很多文章告诉我们要延迟满足，延迟满足是为了追求星辰大海的目标。然而，我们是普通人，普通人要踮起脚尖够到星辰大海，首先需要的是信心。信心从哪里来？从这一个个小的正反馈开始，慢慢积累成更大的成果。

保持内在驱动力

在努力实现自己人生目标的这十几年间，我也有过懈怠的时候，怀疑是不是这辈子只能按部就班地生活，也会想"要不'躺平'算了，活着好辛苦啊"。然而，我最终还是会打败脑海中那个要"躺平"的想法，站起来继续奋斗。

能让我很快调整状态的原因有 3 个：责任、使命和对理想生活的渴望。

我对家人和自己的生命都负有责任。因为身体原因，我担心以后需要花很多钱治病，如果我在父母和伴侣之前离开人世，一定要保证他们后续的生活不受影响，这是我努力赚钱的内在驱动力之一。

近几年有上千人因为我的分享而改变了自己的生活，他们从碌碌无为的状态中跳出来，开始更积极地面对生活、热衷于

赚钱、发现生活中更多的可能性。他们的成果和反馈给了我非常大的力量，我也从中找到了人生的意义。这也是我的使命所在。

对理想生活的渴望可能是每个人都会有的，区别在于我们是停留在想的层面，还是愿意为此付出更多的时间、精力和金钱实现它。显然，我是后者。

除了责任、使命和对理想生活的渴望，我也会用一些小技巧保持自驱力。

（1）设定里程碑事件

在实现 5 年目标的路上设立一个个小的里程碑，以此标记距离目标还有多远，这样就能做到心中有数、脚下不慌。例如，我想用 5 年存够 10 万元，那么我会在 2 万元、5 万元、8 万元时分别设定一个里程碑，走到每个里程碑时给自己一点小小的奖励。

（2）每年拥有一个新身份

我是热衷于获得不同人生体验的人，这能让我感知到自己的生命是鲜活的。最近七八年，我每年都会在其他领域做一些新的尝试，拥有一个新身份。在探索新的领域、思考新的思路时，我的大脑会保持兴奋和活跃。例如，最近几年我多了企业运营顾问、创业者、自媒体博主、知识付费老师、保险经纪人等身份，每一个身份都代表着未知领域的开启和能力边界的拓展，这种感觉太让人着迷了。

（3）提前满足部分欲望

如果愿景比较宏大，不妨换一种方式来满足部分欲望，给自己一些前进的动力。例如，我想在 35 岁后拥有一套带书房和院子的房子。住在这样的房子里，幸福感和工作效率一定很高。然而，这个目标在第三个 5 年计划开始时显得很遥远。于是，我换了一种思路，买不起就可以租，花小成本提前实现改善居住环境的愿望。果然，工作效率和成长速度都提升了很多。

如果你现在受困于"躺平"，没有前进的驱动力，不妨尝试从一个个小的正反馈着手激励自己。

小实操： ✎

请给自己设定里程碑事件。

果断行动：化繁为简，让你的执行力配得上梦想

要想实现自己的人生蓝图，解决了目标和自我驱动力的问题后，还要解决执行力的问题。只要在认知到位的基础上具备极强的执行力，赚钱就不是一件难事。

机会成本

"赚钱无秘密，全靠执行力"，这是我写在书桌前的一句话。我写这句话的起因是 2020 年我看到了港股市场的赚钱效应，每新增一个港股账号就能每年增加 2 万多元的投资收益。当时，执行力决定了我赚钱的速度和上限，慢一天就有可能错过一个涨幅超过 50% 的新股。因此，我写下这句话警示自己提高执行力。

很多人说自己迟迟无法动起来，是因为无法克服拖延症。但在我看来，克服不了拖延症，只不过是因为看不到机会，没有意识到懒惰给自己带来的机会成本有多高。

什么叫机会成本？它是指做一个选择后所丧失的不做该选择而可能获得的最大收益。如果 2020 年我不了解港股打新的赚钱效应，不去新增八九十个港股账户，我就可能错失 100 多万元的投资收益。所有的赚钱机会都有时间窗口期，早来的人吃肉，晚来的人喝汤，再晚点连汤都喝不上。

错过机会比直接亏钱更让人痛心。这 3 年我看到太多人因为自己的懒惰，一再地错过赚钱机会而痛心疾首。错过机会的

次数多了，拖延症自然就克服了。

2021 年 4 月初，我曾受邀去成都给一家企业的会员上课。在上课过程中，我讲到了当时适合定投光伏 ETF。后来，光伏指数开启一波大的结构性行情，4 个月内涨幅超过 70%。

我后来了解到，当时在场的几十人中，大部分人都因自己还没有证券账户而放弃行动，只有一个人听话照做，收获了超额收益。其他人在 4 个月后都直呼"拍断大腿"，只能懊悔莫及。这件事以后，他们再次遇到类似的机会都是第一时间冲在前面。

他们看不到机会的根本原因是认知不足，意识不到自己面对的是机会，也意识不到自己不行动就会错失什么。还有另一个原因就是畏难心理，过分放大了行动的难度，导致自己迟迟迈不出行动的第一步。

化繁为简，克服拖延症

拖延的本质是什么？

《拖延心理学》里有一个观点：有拖延症的人往往都有失败恐惧症，他们的内心被一个错误的逻辑束缚，即做事失败 = 我能力有问题 = 我是个没价值的人。因为害怕失败，所以不愿意开始，导致拖延。

其实，我自己也是间歇性拖延症患者。以前兼职写作时，似乎不到最后一刻就没有灵感；在公司写运营方案时，不到最后一天就没有思路，每次都压着最后期限冲刺过关。只有在赚钱这件事上，我没有拖延症。遇到感兴趣的赚钱机会，我一定是冲在最前面的人。我对研究赚钱机会的兴趣，要远远大于赚到钱本身。

作为曾经的拖延症"重度患者"、现在的"轻度患者"，而且基本能以"八爪鱼"的状态完成很多事情的我，如何同时经营公司、管理团队、讲课、写书、副业做保险、投资，以及做B端用户的咨询呢？其实，秘诀就是以下3点。

（1）立刻做

对于困难的事情，先搭框架，初步填充，再反馈和迭代。

对于自己不想做、有畏难情绪的事情，先深呼一口气，告诉自己只做5分钟就停止。通常情况下，5分钟后就有了接着做下去的动力，人一旦进入专注的状态是很难感受到时间流逝的。

（2）系统做

用量化和拆解思维拆解要做的事情。在纸上列一个任务清单，把大的任务拆解成一个个小项目，每完成一个项目打个勾。打勾的仪式感会让你产生不虚度时间的满足感和成就感，这些正反馈会在当下给你源源不断的动力。

（3）享受做

拖延是大部分人的通病，不要埋怨自己，陷入情绪的内耗。多用积极的暗示，告诉自己如果我现在开始做这件事，就会比同龄人成长得更快。学会分清主次，先做重要的事，在做之前可以用描绘愿景的方法描绘完成任务后的成就感。

此外，最根本的问题还是我们要拓展自己的认知边界，认清做这件事的重要性和可能会因为拖延而遭受的损失，才会由内到外地萌生执行的动力。

执行力是拉开人与人之间差距的核心原因，在赚钱这件事上尤其如此。在我的知识星球中，如果执行力不强，一定会被我"抽小皮鞭"。当你执行力到位时，你会感受到人生从此大不相同。

小实操： ✐

请问你月初制定的计划还有哪些没有开始执行？现在、立刻、马上执行。

▰ 效率提升：1 天顶 10 天，赶超同龄人的时间管理方法

经常有人用"八爪鱼"形容我现在的状态，意思是我可以在同一段时间做很多事情。例如，最近两年我开发了 5 门课程、做了 60 多场直播、更新了 50 多篇文章、在知识星球输出了近 20 万字的内容、给 3 家企业做了顾问、给 100 多人做了咨询、写了 1 本书、外出旅行 4 个月、从零开始运营一个至今已有 700 多人的社群、做一份保险经纪人的副业等。他们都很好奇，自己兼顾

一份主业和家庭的正常运转就已经很吃力了，为什么我的精力如此旺盛，可以用同样的时间做比别人多几倍的事情呢？

精力管理

每次有人来问我如何做时间管理，我都会告诉她："我没有时间管理，只有目标管理。"我认为时间管理是一个伪命题。因为时间是恒定的，我们每个人每天的时间都只有 24 小时，不会因为谁管理得好就多出 2 小时。所以，时间是不能被管理的。

我们要管理的不是时间，而是在相同时间下的状态。好的状态可以把 1 小时用出 2 小时的效果。怎样能有更好的状态呢？我认为首先要学会管理目标和自己的精力。每天把我们从床上叫醒的不是"不要虚度时间"的焦虑感，而是这个月要拿到全勤的工资来支付各种账单的目标。

驱动我做事的底层逻辑是我追寻的目标和人生意义，它才是提升效率的最终源泉。我在 2021 年初给自己定下了"今年要影响 1000 人迈出理财第一步"的目标，这是那一年对我来说最重要的事情。只要想到自己的目标没有实现，这 1000 人可能会因为我的懒惰而无法看到帮助他们打破认知的文章，陷入负债的漩涡和错误的金钱观念，我就不会有心思躺在床上刷视频、看电视剧。

我试图为自己的做法找到一点理论依据。心理学家维克多·弗兰克尔在他的著作《活出生命的意义》中引用了尼采的名言："知道为什么而活的人，便能生存。"他曾是纳粹集中营中幸存的心理学家，他描述了在不断死去的环境中，这个认知如何挽救了自己的生命。

看不到生活有任何意义、任何目标，因此觉得活着无谓的人是可怜的，这样的人很快就会死掉。我们真正需要的，是在生活态度上来个根本的转变。我们需要了解自身，而且需要说服那些绝望的人：我们期望生活给予什么并不重要，重要的是生活对我们有什么期望。

大部分对我的时间管理方法感兴趣的人的真正需求是想知道如何提升效率。效率提升的先决条件是你有充足的精力面对日常生活中繁杂的事务。

我在一篇文章中看到过关于精力管理的金字塔模型，如图 7-4 所示，这正好佐证了"人生的意义感是驱动我们做事的底层逻辑"这个观点。

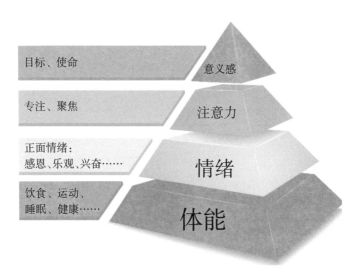

图 7-4　精力管理的金字塔模型

精力管理的最底层是体能。体能好、心肺能力强的人，大脑供血、供糖、供氧都充足，工作效率也会更高。

精力管理的第二层是情绪。心理学中有大量的证据证明，积极和稳定的情绪对人的记忆力、认知力和决策力都有正面影响。

精力管理的第三层是注意力。提出了心流理论的心理学家米哈里说过，注意力是我们拥有能够自主控制的最重要的资源。

注意力的改善是可以被刻意训练的，我常用的方法有两个：一是主动隔绝干扰项，把手机丢在另一个房间，电脑上退出微信等任何即时通信类软件；二是营造氛围，做任何需要专注的事情时，我会带上耳机放冥想音乐，它能帮助我更快地进入心流状态，沉浸在当下要做的事情中。

精力管理的最顶层是意义感。意义感是人活着的最高追求，也可以理解为人生目标或使命感。它是驱动我们做事的底层逻辑。有意义感的人能在日常生活中迸发出巨大的能量。

总而言之，好的精力＝好的体能＋积极的情绪＋不被杂事左右的注意力＋生命的意义。

效率提升

精力充足，提升效率的先决条件就有了。下面我分享几个自己在提升效率方面的心得。

（1）遵循二八法则，只做最重要的事

把 80% 的时间花在最重要的事情上，我每天只给自己定一件最重要的事。例如，今天的任务是研究一个新的赚钱机会，我会在早上交代助理处理其他事情，不要打扰我。先把今天的任务完成后，再用剩下的时间处理琐事。当你全神贯注地投入某件事情、进入心流状态时，你会产生很强的满足感和成就感，你的效率就会很高。

放在一年的时间维度也是这样。2021 年，我最重要的事情是影响 1000 人，那么我全年所有的事情都围绕这个目标展开；2022 年，我最重要的事是课程体系搭建与完善，那么我 80% 的时间都用来开发课程、录课、迭代内容；2023 年，我最重要的事是写书影响更多人，这是我现在正在做的事情，而且"推广这本书，影响更多人"会持续贯穿全年。

学会专注与克制，明白"少即是多"，是被大量信息包围的现代人所需的自律。肯花大量时间专注地做一件事，才能在如今信息爆炸的世界里找到自己的核心目标并实现它。

（2）多做有杠杆和复利效应的事

第 2 章讲到过职场中的杠杆思维，即找到最优路径，用最小成本获得最大收益，这个思维同样适用于人生目标的实现。我做任何事情不会单线地考虑，而会扩散地想这件事情怎样做可以同时产生结果 A、B、C……

例如，在直播中，我有时会给我的星球会员分享自己在职场、人生目标管理及如何增加收入渠道方面的经验；直播结束后，我会把直播内容整理成公众号文章推送给粉丝；公众号文章又可以汇总成一本电子书，发给每个加我微信的人，让他们快速了解我的个人经验、价值观和分享的诚意；在其他朋友的知识星球里，把这篇文章改写成适合他们星球会员的角度，既能帮助朋友丰富星球的内容，也能提高自己的影响力。

至于有复利效应的事，只要它可以给你的成长带来持续的积累，就是可以坚持的事。例如，做自媒体、写书、开发课程，这些对我来说都是有复利效应的事，它们能帮助我建立更大的影响力。

（3）做时间价值更高的事

很多人对投入产出比没有概念，如果一件事交给别人做的成本比你自己做要低很多，就可以把它外包出去，把你的时间留给能产出价值更高的事。

大部分时间效率不高的人都有一个根深蒂固的观念：什么事情都要抓在自己手上。树立成本意识，把时间当作自己的资产，计算投入产出比会让你更容易聚焦于自己的目标，战略性地忽略那些低价值的事。"舍小钱，办大事"说的就是这个道理。

小实操：

请仔细思考哪些是能给你带来复利效应的事情，并增加花在这些事情上的时间。

心力管理：摆脱精神内耗，给成长加足马力

每个人都有一套认知世界的底层思维系统，这套底层思维系统是支撑我们认知成长、解决复杂问题的一整套思维模式，

也包括我们的自我进化和思维迭代。

这套底层思维系统的关键在于认知力和心力。认知力指引方向，心力决定我们的人生边界。用一句通俗的话来说，认知力决定你去哪里，心力决定你能走多远。

心力是"稳定器"

认知力体现的是解决未知问题的能力。它表现为认知自我，知道自己是什么样的人，对自我有正确的认识和判断；还表现为认知世界，对世界的洞察，我们如何分辨机会和风险，如何做决策。格局、心胸、视野，最终都可以归为认知力。

前几章讲的主业提升、找副业、学投资、发现套利机会等都属于提升认知力的范畴，这一节要讨论的是心力。模型、方法等理性的东西都可以通过学习获得，但真正驱动一个人前行的往往是他的内在感受、内心力量。我们可以把心力理解为专注力、创造力、洞察力等，心力越强大，人生越从容。

对创业者来说，心力强大尤其重要。因为创业路上要过的难关、要解决的困难很多，质疑、焦虑、找不到破局点、产品没有销路、资金链可能面临断裂等都是现实中要解决的问题。如果心力不够强大，就很容易在创业路上被打垮。

对普通人来说，心力同样很重要。面对长时间没有上升空间的工作、不上进的伴侣、压得人喘不过气来的房贷和车贷、看不到希望的人生，你是否依然能从容应对，并且找到你的人生破局点？这些都需要心力的支撑。

我有一位学员经常找我倾诉，她在创业过程中想"躺平"、

无法拒绝不想应付的客户、经常因为琐事跟丈夫吵架、对自己要做的事情产生怀疑。这些都是心力不够强的表现，我要给她做"心理按摩"。

心力其实是我们内心的"稳定器"，也是力量的来源。你的内心是否足够安定、放松，能否包容原来不能包容的事情，能否忍受痛苦去拓展自己的边界，都是需要不断修炼的。

提升心力，摆脱情绪内耗

我在刚创业时，心力也不够强大，会因为被个别人的质疑而影响一天的好心情，让我怀疑自己坚持做教育的意义。我甚至会想，如果把时间花在自己投资上，回报会高得多，我为什么还要带这么多"小白"改变思维，想尽办法帮助他们提升收入，教会他们赚钱的底层逻辑呢？

经历过这些情绪内耗后，我找到了一些提升心力的方法。

（1）预判并远离带来坏情绪的源头

遇到不同频的人，或者可能给自己带来坏情绪的事情时，我会第一时间主动舍弃。例如，有人因为错过课程优惠来跟我讨价还价，我会拒绝他上我的课；我在小红书发了干货笔记后，有人因认知局限说些阴阳怪气的话，我会直接把他拉黑，不为此产生情绪内耗。

（2）构建健康的人际关系相处原则

很多心力消耗都源于内耗。建立自己的人际关系相处原则，才能免受不健康关系的苦。例如，跟一个自己特别不喜欢的人聊天，还要强颜欢笑，肯定身心疲惫。面对这种情况，我通常都会礼貌地拒绝，然后做自己的事。

构建健康的人际关系，最好的方法就是明确自己的边界在哪里，守住边界，不要自己打破自己立的规矩。例如，在和新的团队伙伴建立工作关系之初，我就会表明：我不喜欢修改不及格的方案，把方案做到 60 分是你们应该自己解决的问题，我可以指导你们把 60 分的方案修改到 80 分，但我拒绝看 60 分以下的方案。只有这样，大家的工作效率才会更高，助理们也能快速提升个人能力。

（3）给工作按下暂停键，调整状态

自由职业不像大家认为的时间完全由自己掌控，我们的工作和休息时间是模糊的。在公司工作还有上下班打卡点，我们却经常凌晨和半夜还在工作。

工作太忙，感到身体和心理状态都不好时，我会按下暂停键，去山里住几天，"丢掉"手机，只专注于面前的大自然和当下的慢时光，调整自己的身心。

（4）摒弃杂念，保持专注

人很容易受到情绪和外界的影响，尤其是在信息过剩的时代，有太多吸引我们注意力的东西。但是，对要实现人生目标的我们来说，负面情绪和杂念永远是绊脚石。一旦带着它们去看待问题、解决问题，我们就很容易掉进"穷忙"的陷阱。

能克己，方能成己。心不动，专注于解决问题，方能到达远方。

（5）发善念，有益于他人

善念利他，形成良性的商业循环，最终惠及自己。

帮助他人解决问题，从中获得助人达己的成就感，是一种非常有效的方式。2022年，我从川西和西藏旅行回来后迟迟找不到工作的动力。但是，我用7天时间给十几位自由人生俱乐部的学员做一对一的咨询，帮助他们解决当下的问题后突然就找回了工作的动力。

有了使命感，就有了兴奋点。任何时候都不忘初心，就是最好的激发心力的方式。

小实操：

请尝试找到适合自己提升心力的方式。

尾声

回顾过去这十几年，我觉得人生真的很奇妙。出于对自由人生的向往，我把多年的运营、投资等工作经验用在自己身上，慢慢形成了这套相对完善的自由人生系统，活成了很多人想要的样子。

我原本没有想过把这套方法论分享出来，因为我担心大家产生了对自由人生的渴望和信心却又没办法落地实现，倒不如单纯地过平常日子来得自在。后来，我看到自由人生系统给越来越多的学员带来了变化。再加上大环境的不确定性越来越强，我意识到这套系统有着广泛的适用性，相信它会帮助到更多人，这也是我写这本书的初心。

在写这本书的时候，我经常觉得自己文采不佳，没办法用优美的语言表达自己的所思所想，但好在它简单易懂，没有太多高深的道理。对于这本书所讲的内容，你只要拿出一部分去实践，就会有成果。

在这里要感谢我的编辑张国才老师，是他一次次的督促和耐心的指导，才有了这本书。还有我的老师小马鱼和 Angie，她们让我看到了女性创业者的坚韧、柔软和利他，也让我看到了不盲目追求规模化、真诚对待用户、小而美的事业也是可以长久经营下去的。

感谢我的助理和学员们，在写书的这几个月中，是她们包容我，主动承担了帮助其他人的责任。她们的正反馈给了我巨大的能量，激励我不断完善这套人生系统，推动我前行，去发光发亮。

我希望每一个读完这本书的人都能打开思路，从中找到实现自由人生的路径和方法，像我一样自洽、遵从内心地生活。

投资也好，成长也罢，都是我们人生路上的一场修行，愿每个人都能迈向自由而富足的人生！